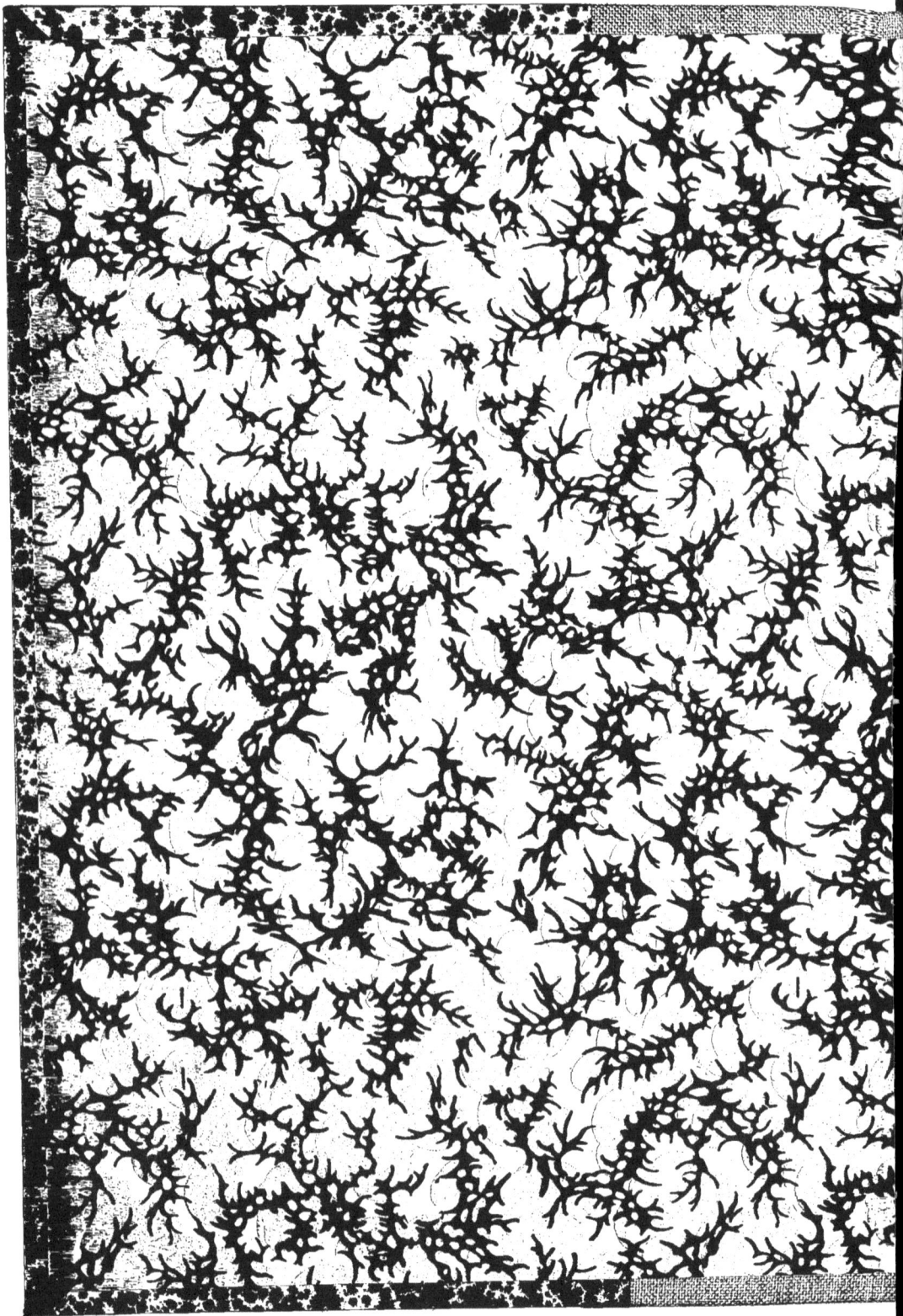

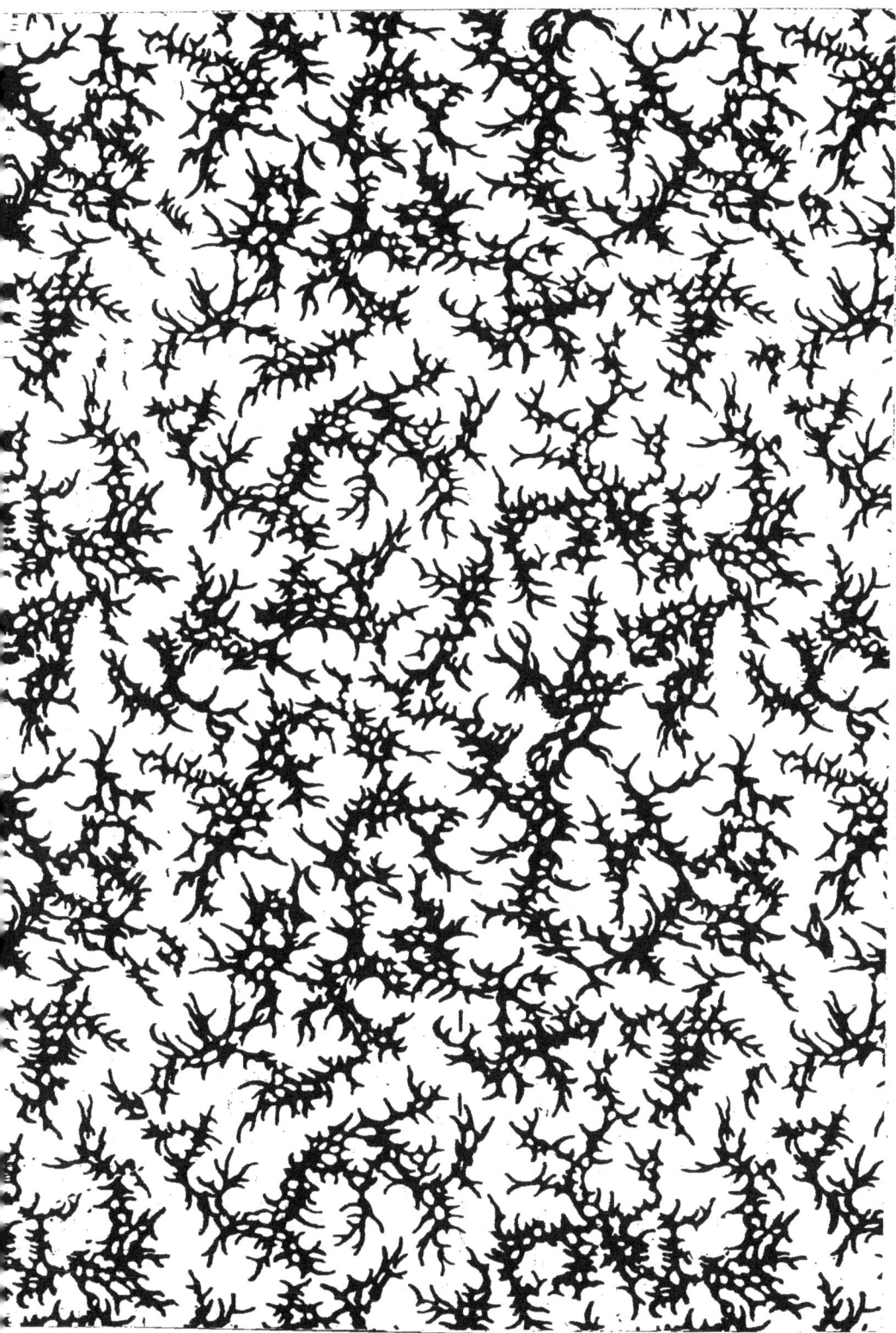

Conserver cette Couverture

6515

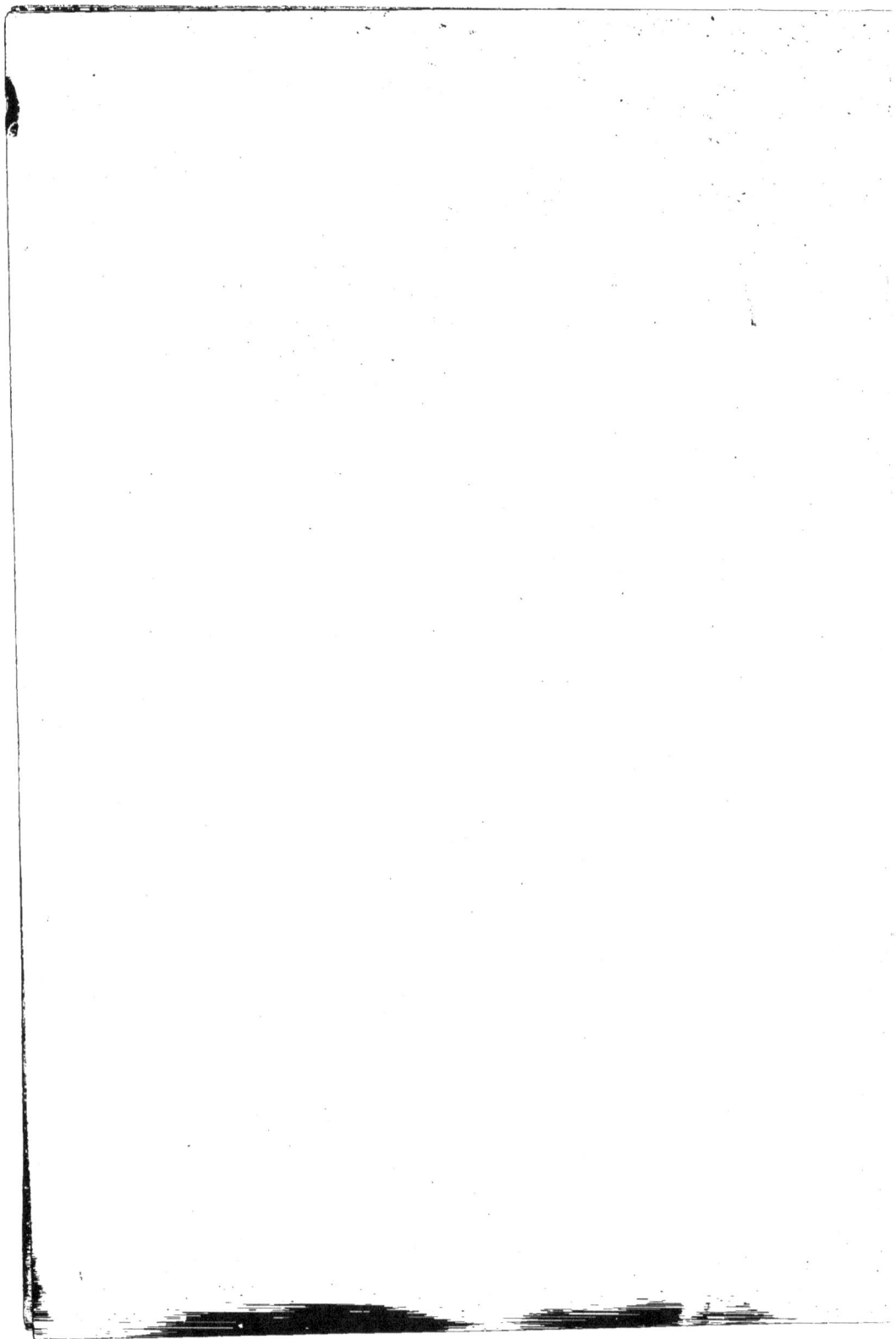

LA

VIE RUSTIQUE

LA VIE RUSTIQUE

Compositions et dessins de

LÉON LHERMITTE

ANDRÉ THEURIET

DE L'ACADÉMIE FRANÇAISE

LA

VIE RUSTIQUE

COMPOSITIONS ET DESSINS

DE

LÉON LHERMITTE

GRAVURES SUR BOIS DE CLÉMENT BELLENGER

PARIS

LIBRAIRIE CHARLES TALLANDIER

197, BOULEVARD SAINT-GERMAIN, 197

—

Maison à Lille : 11 et 13, rue Faidherbe.

COLLABORATEURS

LA VIE RUSTIQUE

PAR

ANDRÉ THEURIET

Compositions et Dessins

DE

LÉON LHERMITTE

Gravures sur Bois

DE

CLÉMENT BELLENGER

INTRODUCTION

Virgile a dit : « Heureux les paysans, s'ils connaissaient leur bonheur !... » Et à la fin du second chant des *Géorgiques*, il a énuméré en beaux vers sonores et colorés les joies de la vie rustique. Mais Virgile écrivait sous l'inspiration de Mécène, et le ministre d'Auguste voulait, prétend-on, à l'aide de ce poème officiel en l'honneur de l'agriculture, réveiller chez les Romains le goût des travaux des champs. Un autre poème, le *Moretum*, attribué également au chantre des *Géorgiques*, donne une notation plus exacte, une peinture plus réelle de la rude existence du paysan latin.

Cette note du *Moretum* est la vraie. Je la retrouve chez nous, dans une chanson populaire bretonne :

a

« O laboureurs, vous menez une vie dure dans le monde.
Vous êtes pauvres et vous enrichissez les autres ; on vous
méprise et vous honorez ; on vous persécute et vous vous sou-
mettez. Vous avez froid et vous avez faim. O laboureurs vous
souffrez bien dans la vie !... »

Et dans le même sentiment, le poète Pierre Dupont, qui
connaissait et aimait le paysan, s'est écrié dans la *Chanson du
blé* :

> Chemine, chemine,
> Pauvre paysan,
> Travaille et rumine,
> Sinon ta ruine
> Est au bout de l'an !

Ce qui a contribué à accréditer cette légende idyllique de
l'heureux lot du paysan, c'est que le travail rustique, par le
milieu où il s'exerce, par ses manifestations extérieures, par
ses outils même, a été de tout temps une source féconde d'inspiration pour les poètes et pour les artistes. Les principales
opérations de l'ouvrier des champs ont une grandeur et une
simplicité merveilleusement suggestives pour un peintre ou
un poète. Le labourage, les semailles, la fenaison, la moisson, la vendange, autant de scènes solennelles ou joyeuses
qui, par l'action et le décor, impressionnent vivement l'imagination, et dont la poésie, se reflétant sur les humbles
acteurs qui y jouent un rôle, les grandit et les transfigure.

Mais le paysan, pris en soi, est toujours resté fort indifférent au décor et à la poésie de sa pénible existence campagnarde. Longtemps, il est vrai, il a été retenu dans le milieu
rustique par son amour instinctif pour la terre. Et voici que cet
attrait inconscient commence lui-même à s'affaiblir. Depuis
un quart de siècle, le paysan subit une transformation, et se
détache de plus en plus du village et des champs, où autrefois
sa vie se passait tout entière. La terre ne rapporte plus assez
pour lui faire oublier les tracas et les déboires de son dur
métier. La concurrence étrangère a avili le prix du blé ; le
phylloxera et le *mildew* ont ravagé ses vignes ; les chemins de
fer, en le rapprochant des villes, lui ont donné des appétits
de plaisirs et des besoins de bien-être qu'il ne connaissait pas.
S'il reste, lui, encore attaché à la glèbe, il jure déjà que ses
enfants ne seront pas cultivateurs. Ses filles émigrent vers les
grandes villes et ses fils s'enferment dans les écoles afin de
devenir des employés ou des commerçants. Les villages se
dépeuplent ; dans certains départements foncièrement agri-
coles, on ne trouve plus de fermiers, et des terrages entiers
demeurent incultes.

Parallèlement à ce dégoût de la terre que manifeste le
paysan, notre siècle finissant assiste à un développement anor-
mal de la vie scientifique et industrielle. Avant peu, l'industrie mettra la main sur ces champs, ces prés et ces bois où
la petite culture agonise. Il se formera, comme en Amérique,

de vastes syndicats pour cultiver par des procédés rapides
et économiques de grandes étendues de terre. On défrichera
les forêts, qu'un député traitait hier à la tribune de richesses
improductives. L'usine remplacera la ferme. Les machines
supprimeront l'emploi de ces élémentaires et décoratifs outils
qui contribuaient à la poésie du travail rustique : la charrue à
vapeur se substituera à l'*arau* antique, comme la batteuse
s'est substituée aux fléaux et au van. Les moissonneuses et
les faucheuses mécaniques enlèveront au travail individuel ce
caractère spontané, cet imprévu, cette liberté d'allure, qui en
constituaient la beauté plastique. Les bois feront place à des
champs de betteraves ; on n'épargnera même pas les arbres
épars dans les champs, ni les haies verdoyantes s'élevant en
berceaux au-dessus des chemins creux. Tout ce qui ne sera pas
d'une utilité directe disparaîtra. La campagne, sillonnée de
routes rectilignes, de tramways et de voies ferrées, aura
l'aspect d'un grand damier aux cultures méthodiques, où tout
sera réglé, machiné et spécialisé comme dans une gigan-
tesque usine.

Alors, ce sera fini de la vie rustique ; on n'en retrouvera
plus le charme et le pittoresque que dans les livres des poètes
ou les dessins des artistes.

Et qu'on ne croie pas à un tableau noirci et exagéré à
plaisir. Il suffit de regarder autour de soi pour constater ce
dégoût du travail des champs et cette invasion de l'industrie.

Souvenez-vous du caractère intime et reposant, de l'aspect *nature*, qu'avaient encore, il y a trente ans, les environs de Paris, et voyez-les, aujourd'hui, amoindris, vulgarisés, empuantis par les usines. Étudiez, sur une carte forestière, la vaste superficie de nos bois, et vous la verrez se rétrécir d'année en année comme la *peau de chagrin* de Balzac. Consultez les statistiques et vous y constaterez la dépopulation graduelle des campagnes. Ce sont là des signes avant-coureurs, et dans un temps où les choses se modifient avec une rapidité électrique, vous pouvez facilement calculer, d'après les changements déjà opérés, dans combien d'années le paysan, que nos ancêtres et nous-mêmes avons connu, aura disparu presque complètement.

Venit summa dies et ineluctabile tempus...

On raconte qu'aux derniers temps du polythéisme, des gens qui naviguaient sur la mer de Grèce entendirent pendant la nuit une mystérieuse voix crier : « Le grand Pan est mort ! » — Quand, à la tombée de la nuit, je me promène par la campagne, et que, dans l'obscurité croissante, j'aperçois des cheminées d'usines toutes flambantes ; quand je sens le sol trembler sous les roues des locomotives qui fuient, rouges et haletantes dans les ténèbres, il me semble aussi qu'un profond soupir s'exhale de la terre, et qu'une voix mélancolique murmure autour de moi : « C'en est fait de la vie rustique ! »

Je me suis souvent entretenu de ces choses avec Léon
Lhermitte, l'homme qui parmi nos peintres vivants connaît le
mieux le paysan et a su en rendre la physionomie avec le plus
de vérité. — Tous ceux qui s'intéressent aux arts du dessin
admirent le peintre de la *Paye des moissonneurs*, du *Vin*, de la
Fenaison ; l'auteur de ces robustes et savoureux fusains qui
retracent jour par jour la rustique épopée des travailleurs de
la terre. Lhermitte habite pendant une grande partie de
l'année Mont-Saint-Père, un de ces pittoresques villages qui
s'échelonnent au long des coteaux de la Marne, entre Dor-
mans et Château-Thierry ; un de ces coins de la terre française
qui contiennent dans un petit espace une grande variété de
cultures et de paysages campagnards. Les prairies s'y déroulent en suivant les sinuosités capricieuses de la rivière ; les
vignes y verdoient sur les pentes ; les blés y ondulent à côté
des champs de sainfoin et de luzerne, et de grands bois s'étendent au sommet des collines. On peut y étudier toutes les
phases de la vie paysanne au dedans et au dehors, et l'artiste
a su mettre à profit tous ces éléments d'observation : —
scènes d'intérieur ou travaux en plein air, dans son œuvre
déjà si importante, il a reproduit avec une sincérité, une cons-
cience et une vigueur remarquables les faits et gestes des
paysans. On peut dire, sans être taxé d'exagération, que Lhermitte est un maître peintre des mœurs rustiques.

Bien souvent, dans nos causeries, nous avions constaté

ensemble la transformation ou plutôt la dégénérescence de la
vie campagnarde, et depuis longtemps nous avions projeté de
collaborer à une œuvre collective ayant pour objet l'étude des
travaux et l'existence intime des habitants de la campagne.

Nous voulions montrer le paysan que nous avons connu
tous deux, — Lhermitte, sur ses coteaux de la Marne ; moi,
dans. mes plaines de la Meuse, — et le peindre avec une
absolue sincérité, en nous tenant aussi éloignés du sentimen-
talisme des faiseurs d'idylles que du parti pris brutal et faux
de l'école dite *naturaliste*. Nous nous proposions de retracer
les grands actes du drame rustique : les semailles, le labour,
la fenaison, la moisson et la vendange ; de dire l'isolement de
la ferme, la vie plus affairée du village, les joies du dimanche
et les besognes de la semaine ; de suivre enfin le paysan dans
toutes les étapes de sa laborieuse existence, à l'école, aux
champs, dans son ménage, pendant le court enivrement de la
jeunesse et les longues journées peineuses de l'âge mûr ;
depuis le berceau d'osier où sa mère le balance, jusqu'au cercueil de sapin où il repose dans la mort.

Longtemps nous avons été arrêtés ou retardés par d'autres
occupations et aussi par la difficulté de trouver un éditeur qui
comprît notre dessein, qui s'y intéressât et nous aidât de son
expérience. Nous avons enfin rencontré ce collaborateur
éclairé et dévoué. — Un éditeur, dont les beaux livres d'art
font la joie et l'admiration des bibliophiles, nous a prêté son

concours, et voici que le livre tant de fois projeté est maintenant soumis au public.

Nous avons essayé d'y recueillir pieusement les reliques
de ces mœurs, de ces physionomies et de ces paysages qui
vont disparaître, — et nous serons largement récompensés
de nos efforts, si nous avons pu ainsi conserver à nos arrière-
neveux le tableau d'un monde et d'une nature qu'ils ne con-
naîtront peut-être plus.

LA FERME

LA FERME

Dans la plaine onduleuse et nue,
Sous les brumes d'un ciel d'hiver,
La ferme isolée est perdue
Ainsi qu'un îlot dans la mer.

A peine un fil bleu de fumée
Au piéton la montre de loin,
Quand dans sa course accoutumée
Du bois noir il tourne le coin ;

Et le soir, la rougeur de l'âtre
A travers la vitre qui luit,
A peine la désigne au pâtre
Poussant son troupeau dans la nuit.

Parmi la bruine et le givre
Elle dort d'un profond sommeil :
Mais en mars on la voit revivre
Aux tiédeurs du premier soleil ;

Les alouettes reparues
Mettent le ciel en belle humeur,
Tandis que le fer des charrues
Prépare la place au semeur.

Bientôt le grain se gonfle et germe.
Avril pluvieux et riant
Étend tout autour de la ferme
Un large tapis chatoyant :

Sainfoins, frissonnantes avoines,
Seigles verts plus mouvants encor,
Trèfles aux rougeurs de pivoines
Et champs de colza couleur d'or.

Puis vient l'ardente canicule,
Et, le soir, sous les cieux obscurs,
Le souffle chaud du crépuscule
Apporte une odeur de blés mûrs.

Alors le travail des batteuses
Emplit l'air de ronflements sourds ;
Le sol des routes caillouteuses
Tremble au poids des chariots lourds ;

Et, comme une ruche trop pleine,
Sous le soleil aux feux plongeants,
La ferme répand sur la plaine
Tout son monde : bêtes et gens.

1

LE MONDE DE LA FERME

DISTANTE le plus souvent du village, isolée au milieu des champs ou perdue au fond des bois, la ferme est l'image de la vie rustique intime et solitaire.

Sa situation, à l'écart des agglomérations campagnardes, lui donne ce caractère taciturne et mystérieux que garde le berger d'un village, parmi les autres paysans. Séparés du reste du monde par de vastes étendues de plaines ou de forêts, elle vit concentrée en

elle-même ; les vieilles coutumes, le langage et les mœurs
d'autrefois s'y conservent mieux, n'ayant pas à subir le contact
immédiat de la civilisation des villes. Dans certaines fermes
exploitées depuis un temps immémorial par la même famille,
il n'est pas rare de retrouver les meubles antiques que des
générations de cultivateurs se sont transmis fidèlement les
unes aux autres : le même lit, enfoncé dans l'alcôve en forme
d'armoire, a vu mourir l'aïeul et naître le père ; le même berceau d'osier ou de noyer a bercé tous les enfants. Sauf les jours
de foire et de marché, où l'on se rend à la ville ; sauf le
dimanche, où l'on va en bande à la lointaine église paroissiale,
le reste du temps on vit entre soi, et l'on n'a de commerce
qu'avec les bêtes et les plantes.

Le seul trait d'union qui relie la ferme au monde civilisé,
c'est le piéton qu'on voit de temps en temps apparaître à
l'extrémité de la route, avec sa blouse bleue à collet rouge et
sa gibecière pleine de lettres. Mais les lettres sont rares ; on
n'a guère le loisir de lire les journaux, et, le plus souvent, si
le piéton fait halte à la ferme, c'est pour y dire les nouvelles
en vidant un verre de bière, de cidre ou de piquette. Tandis
que là-bas, dans les grandes villes, on politique furieusement ;
à la ferme, les bruits de guerre ou de révolutions n'arrivent
qu'assoupis, transformés, vagues, avec des airs de fabuleuses
légendes. La chute d'un ministre ou la mort d'un homme
célèbre, n'y cause guère plus d'émotion qu'une pomme qui
tombe sur le gazon du verger ou une envolée de pigeons hors
du colombier.

Si l'on vit peu en communication avec le monde du dehors,

en revanche la vie intérieure de la ferme est bruyante, active, industrieuse. Dès la prime aube, tandis que, selon la saison, les hommes sortent pour vaquer aux travaux des champs, la fermière s'est levée, et, avant même de s'occuper de son propre déjeuner, elle prépare la nourriture de toutes ses bêtes ; car la ferme est aussi peuplée qu'une arche de Noé.

Les chevaux, soignés par les hommes, sont déjà en route pour les charrois, le labourage ou le hersage ; voici que le demeurant du bétail s'éveille dans les étables ou aux entours des bâtiments. Les vaches meuglent au fond de leur retrait, les coqs chantent dans le gélinier ; au revers du verger en pente, les abeilles commencent à bourdonner autour des ruches, tandis que sur le toit en éteignoir de la fuie, les pigeons roucoulent en faisant la roue.

Sous la conduite du pâtre, les moutons sont partis dans la brume grise du matin pour errer à travers les terrains de vaine pâture. Ils sont les hôtes les moins familiers de la ferme, passant toute la journée dehors et parfois, dans la belle saison, couchant à la belle étoile en pleins champs, dans les barrières mobiles du parc, auprès de la maison roulante du berger. Le fermier et la fermière ne s'occupent d'eux , à proprement parler, que lorsque vient le moment de la tonte. A cette époque généralement en été, les marchands de laine visitent la ferme, examinent le troupeau et font marché avec les propriétaires. Alors, avant la tonte, on conduit les moutons au bord du cours d'eau le plus proche, et là, on procède au lavage de la troupe bêlante qu'on plonge de gré ou de force dans l'eau claire. Les

moutons, parqués sur la berge, sont traînés l'un après l'autre
en plein courant ; les hommes chargés du lavage les y décras-
sent à tour de bras et ils en sortent blancs comme neige, tout
préparés à laisser tomber leur laineuse toison sous les bruyantes
cisailles du tondeur.

Rentrons à la ferme. Dans la grande cuisine fraîche et car-
relée, où l'horloge tic-taque en sa longue boîte, où les cré-
dences étalent leurs faïences de couleur, et les planches des
rayons, leurs rangées de cuivres étincelants; où la huche, l'armoire, la massive table de noyer sont reluisantes à force d'être
frottées, une belle flamme *claire* sur les chenets, au-dessus
d'une copieuse chaudronnée de pommes de terre destinées à
sustenter les *gorets* qui grognent déjà là-bas, au fond de leur
tect.

Bien que le cochon ne soit ni le plus beau ni le plus aimable
des hôtes de la ferme, il est assurément l'un des plus choyés
et des mieux soignés ; non à cause de sa grâce et de sa belle
humeur, non par amitié, mais tout simplement et prosaïque-
ment parce qu'il est d'un facile entretien et d'un excellent rapport. La fermière l'appelle « mon mignon », le fermier ne le
nomme jamais autrement que « mon camarade », on dirait que,
même en parlant de lui, on s'ingénie par des périphrases polies,
à marquer le cas qu'on fait de sa personne. Dans la conversa-
tion on ne le désigne que sous le nom de l'*habillé de soie*. A
mesure qu'ils grandissent, les jeunes gorets sont traités avec
toute sorte d'égards. On ne leur ménage ni les grasses lippées,
ni les gâteries, ni même les distractions. A l'automne, on les
promène dans les grands bois. Ils y respirent de vertes odeurs;

ils s'y donnent des ventrées de glands et de faînes, après s'être
aiguisé l'appétit en mâchant des racines de fougère... Les mauvais temps venus, ils regagnent leur toit et imprègnent de leur
odeur aigre la chaude atmosphère de l'écurie. Là, ils trouvent
bon souper et bon gîte ; ils n'en sortent guère que pour aller
se vautrer voluptueusement dans les boues fraîches de la cour.
On leur sert de plantureuses pâtées de pommes de terre, de
betteraves et de son, accompagnées de copieuses rasades de
petit lait. Même, on pousse parfois la libéralité jusqu'à leur
offrir un menu composé de légumes cuits, de grain et de farine.
Aussi sont-ils dodus et florissants, la chair rose marquée de
jolis bourrelets, les yeux disparaissant presque sous les couches graisseuses. De temps à autre, on leur rend visite dans
l'étable : les flâneurs s'y succèdent, s'extasiant sur leur mine
et leur embonpoint, pronostiquant que les gaillards pèseront
un fameux poids, et comblant de louanges messieurs les
habillés de soie, qui répondent sans se déranger, par de petits
tortillements de leur queue tire-bouchonnée, et par de sourds
grognements de satisfaction.

Les cochons repus, voici le tour des vaches. Lentement,
majestueusement, elles sortent du porche sombre de l'étable
où elles ont achevé leur pitance quotidienne et elles se dirigent
vers l'auge de pierre, qu'une servante, pendue au balancier de
la pompe, vient de remplir d'eau fraîche. La pleine lumière
éclaire largement leurs robes luisantes, fauves ou brunes, café
au lait ou noires et blanches. On voit, entre leurs cornes
aiguës, saillir leur mufle roux aux naseaux fumants. Leurs
grands yeux couleur d'iris ont l'innocence de ceux d'un enfant;

leur front, laborieusement méditatif, est empreint d'une sérénité quasi auguste. Elles plongent alternativement leur mufle
dans l'auge remplie jusqu'aux bords, puis l'en retirent et le
relèvent voluptueusement, tandis que l'eau fraîche dégoutte le
long de leurs fanons en minces fils scintillant au soleil. Et la
fermière, plantée au milieu de la cour, admire leurs flancs
robustes et leurs mamelles gonflées qui exhalent une vague
odeur de lait. Tout en les regardant, elle a comme une savoureuse vision de seilles où tombe un lait écumeux, de *possons*
pleins de crème épaisse, rangés sur les planches de la laiterie,
de fromages blancs tout moites encore dans le moule, et de
pains de beurre enveloppés de feuilles de vigne, qui se transformeront au marché en belles pièces d'argent sonnant
clair.

Mais ce qui fait le luxe et l'orgueil de la fermière, c'est
surtout sa basse-cour. En ce moment tout le poulailler est
dehors, et la ménagère, ayant rempli de grains son tablier
déplié, distribue de libérales poignées d'orge et de blé à toute
la troupe voletante, gloussante et chantante. — Au milieu, les
coqs dressés sur leurs ergots, la crête rouge en bataille, le cou
droit, la queue en faucille, attendent, en chevaliers galants,
que les dames aient mangé, et se bornent à surveiller, à
droite et à gauche, les poules qui accourent en trottinant et
se poussent pour becqueter le grain. Toutes les variétés de
la gent gélinière sont là représentées : cochinchinoises hautes
sur jambe, avec seulement une mince touffe de plumes en
guise de queue ; poules pattues ayant l'air de cheminer
avec des pantalons qui leur couvrent les griffes ; poules

LA COUR DE LA FERME

huppées secouant drôlement leur houppe bariolée ; poules de Houdan ou de Bentham à la démarche grave ; poulettes grivelées de noir et de blanc, ressemblant à des damiers. — Chacune se précipite sur la graine avec de petits airs pressés, en dodelinant de la tête, et en jetant des gloussements aigus.

Les pigeons, du haut du colombier, contemplent ce spectacle de bombance, puis, ne résistant pas à la tentation, partent d'une seule envolée, décrivent en l'air un demi-cercle et viennent à leur tour s'éparpiller dans la cour, où ils cherchent leur aventure, sans souci des coups de bec des poules hargneuses. — Quittant les branches de noyer où elles perchaient les pintades sont aussi descendues pour prendre part à la fête : elles allongent gravement le bec et font frétiller leur queue courte. Deux dindons au cou rouge d'excroissances charnues, font lourdement jabot au milieu de ces volatiles lestes et fringantes et se promènent de-ci de-là, d'un air stupidement important, tandis que, sur un mur bas, un paon, dressant sa tête fine que surmonte une aigrette en diadème, et étalant magnifiquement sa queue ocellée, tourne lentement sur lui-même en faisant la roue et en lançant un cri rauque et redoublé qu'on entend d'une demi-lieue.

Tout ce monde grouille et chatoie au soleil : les crêtes rouges, les queues d'un vert lustré, les plumages fauves, noirs ou blancs, grivelés ou mouchetés, prennent à la pleine lumière des vigueurs et des éclats métalliques. Il y a vraiment dans ce remuement de couleurs vives et variées une fête pour les yeux un joyeux éblouissement.

Dans la claire fraîcheur du matin, une éclatante rumeur s'envole au-dessus de la ferme : coquericos pareils à des coups de clairon, roucoulements de ramiers, nasillements de canards meuglements de vaches, hennissements de poulains ; tout cela se détache en notes vives et allègres, sur la basse bourdonnante formée par le ronflement sourd d'une batteuse dans la grange. Le voyageur qui, de loin, dans la plaine, perçoit cette réveillante clameur, en est tout ragaillardi. Il y a quelque chose d'hospitalier dans ce tapage de la ferme, que scandent de temps à autre les aboiements des chiens. Cela donne aux citadins, marchant à travers la campagne, des rêves de vie pastorale ; M. Prud'homme lui-même en est touché au cœur et se sent pris d'un désir de pain bis et de laitage.

Peu à peu, à mesure que le soleil monte dans le ciel et que la matinée avance, ce bruit s'affaiblit. La fermière, rentrée dans sa cuisine ombreuse, s'occupe aux tâches de l'intérieur, écrème ses *possons*, surveille ses servantes et prépare la soupe de « ses gens ». — Midi. Un grand silence tombe, avec la clarté plus crue, sur la ferme apaisée et sur la cour quasi déserte. Les hommes qui travaillent aux champs, étendus sur le dos, le chapeau sur les yeux, font la sieste au pied de la haie; dans l'intérieur du logis, ceux qui sont restés, dînent sobrement. Un lointain tintement d'angelus traverse la campagne ensoleillée ; on n'entend plus que le ruminement sourd des bêtes dans l'étable, le bourdonnement endormeur des mouches à miel autour des ruches, et, au fond des trous du colombier, un doux et berceur roucoulement de pigeons amoureux. Les canards eux-mêmes barbotent silencieusement dans la mare, et les chiens étendus à l'ombre, le museau sur leurs pattes, veillent, l'œil clos seulement à demi, sur l'apparent sommeil de la ferme.

II

LA FENAISON

« Qui dit pré dit foin, et qui dit foin dit tout. »
C'est un vieil axiome paysan, qui est parfaitement juste, car sans prés, point de bons
chevaux, point de gros bétail et, partant, point
d'agriculture prospère. — Un autre dicton
prétend que les prés peuvent durer plusieurs
vies d'homme sans avoir besoin de culture ;
mais celui-ci ment. Un pré, pour être de bon
rapport, exige autant de soins et de labeurs
que les autres biens ruraux. Il veut être assaini, irrigué,
fumé et nettoyé. « L'herbe des prés, dit P. Joigneaux, ne vit

pas plus de l'air qui court, que l'herbe des champs. Si tu la
nourris mal, elle poussera mal ; si tu la nourris bien, elle te
remboursera largement de tes sacrifices. » Le possesseur
d'une prairie naturelle n'a donc pas plus à se croiser les bras
que le possesseur d'une terre à blé. Il lui faut creuser des
canaux d'irrigation et les disposer ingénieusement, fumer
son pré chaque année, le remettre en herbe de temps à
autre au moyen d'ensemencements habilement combinés ; il
lui faut aussi se battre contre les ennemis naturels des prés :
le jonc et la mousse, ces deux envahisseurs. — Mais aussi,
comme il est payé de son travail, lorsqu'en juillet, la prairie
bien saine, bien aérée et arrosée, lui donne de l'herbe à
foison !

Quel spectacle plus réjouissant que celui d'une prairie en
fleurs à la fin de juin ! — Bordée d'un côté par la rivière
miroitante, aux berges plantées de saules et de peupliers ;
encadrée d'autre part dans la verdure abondante des haies
d'aubépine, de troène et de coudrier, l'herbe haute, épaisse,
juteuse, balance mollement ses nappes aux nuances chan-
geantes. Toutes les plantes fourragères, labiées, légumi-
neuses, graminées, unissent leurs formes et leurs teintes
pour varier à l'infini le tapis moelleux qui chatoie au soleil.
Chaque petite herbe donne sa note dans cette symphonie des
couleurs : la sauge y balance ses épis bleus, le caille-lait et
les marguerites y répandent par place la molle blancheur
lactée de leurs fleurons et de leurs aigrettes ; les centaurées
jacées et les trèfles roses y font çà et là des taches vineuses,
tandis que le cumin, la lupuline, le lotier et l'alchémille

étalent plus loin des plaques d'un jaune pâle. Parmi ces floraisons un peu denses, le peuple des graminées dresse ses milliers de tiges minces et ses glauques inflorescences. L'amourette agite, comme de minces grelots, ses beaux épillets tremblants ; la fétuque et la fléole secouent leurs panicules violacées ; l'épi du vent s'y courbe au moindre souffle auprès de la mélique aux longues soies ; la flouve odorante et la folle avoine y bercent leurs calices écailleux aux reflets métalliques. Et tout à travers le frissonnement aérien de ces hampes sveltes, de ces glumes et de ces balles argentées, on voit poindre les fleurettes d'azur des véroniques, les casques minuscules des bugles, les globules échevelés des pimprenelles.

Parfois la prairie apparaît toute blonde, avec, çà et là, une vive rougeur de coquelicot égaré dans cette nappe herbeuse ; tantôt elle est mordorée ; tantôt elle a les chatoiements d'une étoffe verte, glacée de lilas. Aux heures du matin, après la rosée, elle fume comme un encensoir. Le pollen envolé de toutes ces graminées, tenu en suspension dans l'air humide, plane en fines buées odorantes au-dessus de l'herbe mûre. Mais, à mesure que le soleil monte, cette féconde poussière se disperse, et, dans l'éblouissante irradiation de midi, les prés pailletés de lumière s'emplissent d'un sourd bourdonnement d'insectes : musique berceuse, accompagnement harmonieux de l'air qui brûle et du soleil qui flamboie. — Aux sons cadencés de cette susurrante mélopée, des vols de lépidoptères viennent, comme un corps de ballet, danser à la pointe des tiges fleuries : essaims de petits papillons bleus,

piéris couleur de soufre, machaons jaunes striés de noir,
grands et petits nacrés aux ailes fauves, argentées en dessous. — Jusqu'au soir, dans la prairie en fête, les plantes se
grisent de soleil et les papillons dansants se gorgent de par-
fums.

Mais l'herbe est mûre et voici venir les faucheurs. Dès le
fin matin, dans la rosée, ils se mettent à l'œuvre. Les éclairs
de l'acier luisent au soleil levant. A chaque demi-cercle décrit
par la faux qui mord les tiges avec un bruissement plein et
régulier, des jonchées d'herbe tombent aux pieds des travailleurs. En un clin d'œil le ton blondissant de la prairie s'est
modifié. Aux endroits où l'herbe est déjà coupée, le sol est
d'un vert attendri ; les gerbes éparses y mettent par intervalles des taches foncées. A mesure aussi que la faux tond le
pré, une haleine aromatique et pénétrante s'exhale des fau-
chées de foin. On dirait que l'herbe a besoin de cette violente
opération de la fauchaison pour dégager tout son parfum. —
Cette propriété des herbes coupées n'est-elle pas aussi particulière aux émotions humaines ? Nous n'apprécions réelle-
ment nos bonheurs que lorsqu'ils sont déjà couchés dans le
passé ; il faut que le souvenir les embaume pour qu'ils
dégagent tout leur parfum. Nous ne jouissons jamais pleinement du présent ; rarement nous disons : « Comme nous
sommes heureux ! » Mais toujours nous répétons : « Comme
nous aurions pu être heureux ! » Le regret de ces joies
passées et incomplètement savourées leur donne une senteur
exquise...

De temps en temps le faucheur s'arrête pour affiler sa faux

qui ne mord plus ; il trempe sa pierre à aiguiser dans le
buhet de corne ou de bois, plein d'eau, qui pend à sa ceinture, et du fond de la prairie monte dans l'air sonore un
froissement d'acier qu'on aiguise ou qu'on rebat. La besogne
avance avec la matinée ; les visages hâlés se mouillent de
sueur ; les bras et les reins commencent à se lasser. Midi
sonne à un lointain clocher et, par le sentier qui longe la
rivière, les femmes de la ferme paraissent, portant, dans des
gamelles de fer battu, le repas des faucheurs : la miche de
pain de ménage et la *fromagée* toute fraîche. Alors la
besogne s'interrompt, les hommes accotent à quelque tronc
de saule leurs reins rompus et, lentement, méthodiquement,
mâchent de copieuses bouchées de nourriture, tandis que
la gourde ventrue de grès bleu, remplie de piquette, passe
de main en main, et que chacun, la tête renversée, les
yeux au ciel, boit à la régalade. Le repas achevé, on taille
un brin de causette avec les femmes qui rangent les gamelles vides, puis la fatigue l'emportant sur le plaisir de la
causerie, les hommes s'étendent de leur long sur le pré,
le dos à plat dans les jonchées d'herbe odorante, le chapeau de paille sur les yeux, et bientôt ils dorment à
poings fermés pendant les heures brûlantes du milieu de la
journée.

La prairie une fois fauchée, la besogne du fanage commence. C'est la plus agréable et la moins rude ; aussi la
réserve-t-on volontiers aux femmes. A travers les prés
dépouillés, qui ont pris des tons fins d'un gris d'argent, se
détachent dans la lumière les jupes et les camisoles des

faneuses maniant le râteau. Chez moi, toutes sont coiffées
d'une sorte de chapeau recouvert de percale claire qu'on
nomme dans le pays un *bagnolei*. Cette coiffure légère et flottante protège la nuque et s'avance en auvent sur le front,
comme un bonnet de quakeresse, laissant dans une ombre
mystérieuse le visage des filles et donnant plus d'accent et
d'éclat à leurs yeux bleus. — On commence à former les
meules ; au pied de l'une d'elles, une paysanne assise, jambes
étendues, se repose avec un enfant sur les genoux, tandis que,
plus loin, un vieillard, tête nue, en manches de chemise,
retourne le foin avec une vivacité toute juvénile. Une faneuse,
appuyée sur sa fourche, s'arrête un moment à regarder les
hirondelles qui passent et repassent, noires sur le courant de
l'eau verte de la rivière. — Dans le plein air, à distance, les
détails se simplifient, les lignes deviennent sculpturales, et les
poses de ces travailleurs groupés autour des meules ont une
grandeur qui fait songer à Millet, le maître peintre de la vie
rustique.

Oh ! ces meules alignées en quinconces dans la prairie,
quelle magique odeur elles envoient à travers la sérénité des
soirs d'été, et comme cette odeur me rappelle les meilleures
soirées de ma toute première jeunesse !... A la tombée du
crépuscule, je venais avec des camarades de collège m'étendre
dans les prés de l'Ornain, au pied des monceaux de foin fraîchement mis en tas.

Nous avions dix-sept ans à peine et, pleins de cette confiance imperturbable dans l'avenir, de cette présomptueuse
espérance, qui sont l'apanage des tout jeunes gens, nous ne

LA FENAISON

rêvions rien moins que de gagner de la gloire, et, avec la gloire, le cœur de toutes les femmes.

Lançant fièrement, à pleine voix, nos vers d'écolier et nos effusions vers le ciel, nous ne trouvions pas d'aventures assez impossibles pour notre audace, et chaque soir, en imagination, nous partions pour la conquête de quelque fabuleuse toison d'or...

Tandis que nous déclamions nos vers, tandis que nous bâtissions nos châteaux en Espagne, la nuit d'été magnifiquement étoilée descendait amoureusement sur les coteaux de vignes.

La rivière coulait avec un bruit doux, et, par places, dans les noues abritées par les peupliers, reflétait les rayons des étoiles.

Les grillons, par centaines, murmuraient leurs trilles saccadés entre les tiges courtes de l'herbe tondue.

Parfois nous détachions une barque et nous nous laissions lentement aller à la dérive au long des prés, qui se succédaient pendant une bonne lieue.

Les bouillards et les saules entre-croisés au-dessus de nos têtes formaient une obscurité de plus en plus épaisse ; on ne voyait plus que de loin en loin un scintillement d'astre.

Parmi les feuillées frémissant avec un bruit frais, la rosée du soir tombait en pluie menue ; de temps à autre, blutés entre les feuilles frissonnantes, les rais de la lune nouvelle nous arrivaient bleuissants.

Et tout grisés de mystère, nous exaltant dans la nuit, derechef nous déclamions des poésies de notre cru :

Les saules frissonnent. La lune
Argente la rivière brune
Du reflet de ses bleus regards ;
La barque sous les hautes branches
Glisse à travers les roses blanches
    Des nénuphars.

Parmi les feuillages dissoute,
La fraîcheur du soir, goutte à goutte,
Répand des pleurs mystérieux,
Et leur chute dans l'eau qui tremble
Nous berce avec un chant qui semble
    Tomber des cieux...

O mes amis, la nuit sereine !
Riez, mais qu'on entende à peine
Vos rires... Ne réveillez pas
La réalité douloureuse
Qui dans une ombre vaporeuse
    S'endort là-bas !...

Chantez !... Sous la voûte qui pleure,
Les yeux mi-clos oubliant l'heure,
Je vais rêver au fil de l'eau,
Comme un enfant que sa nourrice
Câline, afin qu'il s'assoupisse
    Dans son berceau...

Hélas ! de toutes ces chansons de jeunesse et de tous ces amis de la dix-septième année, il ne reste plus que des souvenirs, souvenirs épars et embaumés comme le parfum de ces meules, dont maintenant les faneurs, fourches en main, soulèvent en l'air les gerbes amoncelées...

Le foin est sec. Les longues charrettes aux flancs évasés

et spacieux stationnent déjà dans la prairie. L'une d'elles, atte-
lée de deux chevaux bruns, est à demi pleine de tas d'herbe
doux-fleurante, que le charretier égalise savamment au-dessus
des ridelles. Quand l'édifice est suffisamment élevé et carré-
ment équilibré, faneuses et faneurs montent au sommet et
s'étendent mollement sur ce foin qui sent la marjolaine et la
menthe. Les fouets claquent, les chevaux tirent vigoureusement, les roues s'enfoncent dans le sol élastique, traçant derrière elles comme un sillage deux ornières plus vertes ; enfin
aux claquements du fouet, aux cris du charretier, l'attelage
franchit le talus gazonneux et monte sur la route blanche.
Dans la paix du soir, tandis que, tout en haut, les garçons couchés près des faneuses rêvent ou jasent amicalement, l'énorme
charretée roule vers la ferme, en répandant tout alentour une
saine et aromatique odeur.

III

LA RÉCOLTE DES POMMES DE TERRE

La dernière récolte de l'année et la moins fatigante. En ces premiers jours d'octobre, les grosses chaleurs sont passées, mais les journées sont tièdes encore. Après qu'il a dissipé les brumes blanches du matin, le soleil teint d'une chaude couleur orangée les lisières des bois, d'où les feuilles rousses et jaunes commencent à s'éparpiller à terre. Dans les pâtis où les vaches errent avec lenteur, les mousserons poussent en cercle et font briller parmi l'herbe le blanc soyeux de leur chapeau. Le ciel

est d'un bleu doux, l'air d'une sonorité musicale ; on y entend
de très loin le claquement des fouets et le rappel des grives.
Sur les prés tout violets de colchiques, de longs fils de la vierge
déroulent leurs blancs écheveaux. Tout cela forme un ensemble
calme, harmonieusement fondu, chaudement coloré ; un cadre
à souhait pour cette dernière et patriarcale récolte. Aussi tous
les gens de la ferme y sont-ils venus comme à une fête, tous,
jusqu'aux marmots qu'on assied sur un drap, à l'extrémité du
champ, et qui jouent avec des glands tombés des chênes voisins.

Le champ de pommes de terre n'a plus cette belle verdure
sombre et plantureuse qui le couvrait en été ; les tiges herba-
cées ne dressent plus vers le ciel leurs rameaux un peu velus,
chargés de feuilles ailées et charnues, ni leurs corymbes de
fleurs blanches ou lilas aux cœurs d'étamines jaunes. Maintenant les *fanes* alanguies et à demi desséchées, prosternées au
ras du sol, y répandent leurs bouquets de petites baies verdâtres ; — c'est le signe auquel on reconnaît la maturité des
tubercules.

Les hommes en manches de chemise, les femmes en camisoles de cotonnade rose ou violette, arrachent les fanes et pio-
chent avec précaution à la place où s'enfonçait chaque trochée.
Une saine odeur de terre remuée s'exhale dans l'air attiédi et
les pommes de terre encore humides roulent dans les sillons.
Toutes les variétés de ce précieux tubercule s'étalent au
soleil :

Il y a la *grosse blanche*, tachée de rouge, qu'on nomme
dans certains pays pomme de terre à vaches ; c'est la plus

LA RÉCOLTE DES POMMES DE TERRE

vigoureuse, la plus féconde, la plus commune ; elle prospère
dans tous les sols et elle se cultive en grand pour les bestiaux ;
— la *blanche longue*, excellente et très productive, connue
aussi sous le nom de *blanche irlandaise* ; — la *jaune ronde*, à
la chair sucrée, farineuse et très délicate ; — la *rouge longue*,
très répandue, ayant la forme d'un rognon, à la chair ferme
mais parfois un peu âcre ; — la *rouge ronde* ou *oblongue*, dont
la pulpe est très riche en farine ; — la *violette hollandaise*,
dont la surface est marquée de points violets et jaunâtres ; —
la *petite blanche chinoise*, aux tubercules menus, irrégulièrement arrondis, d'un goût agréable et sucré ; — la *rouge à
corolle blanche*, dont la chair est d'une saveur exquise.

Toutes ces variétés contiennent des principes nutritifs qui
ne diffèrent que par leurs proportions. Les blanches sont en
général plus précoces et d'un rendement plus considérable ;
les rouges sont moins aqueuses, plus sapides et de meilleure
conserve ; les jaunes ont la pulpe plus fine, plus sucrée, plus
délicate ; on les préfère pour la cuisine.

C'est un plaisir que de voir sortir du sol toutes ces pommes
de terre à la forme ronde ou allongée, à la couleur appétis-
sante. Leurs tas tranchent sur la glèbe brune et fraîchement
remuée ; les femmes en emplissent des *charpagnes* d'osier et
les portent jusqu'au sac de toile bise, que l'une d'elles main-
tient debout, tandis que l'autre y verse lentement la récolte.
Bientôt le long du champ, les sacs pleins se dressent d'espace
en espace, blancs, noueux et rebondis. — Alors, avec les fanes
séchées et les brindilles glanées à l'orée du bois, les enfants
allument de grands feux.

Ces feux flambant en plein air, par les après-midi d'automne, sont un des plus savoureux plaisirs de l'enfance, ils
éveillent leurs meilleurs souvenirs de mes vacances d'écolier !...
On luttait à qui ferait *clairer* le plus beau foyer. Nous com-
mencions par creuser un trou dans la terre, au fond duquel on
posait à plat deux parpaings servant de chenets, puis on cou-
rait au bois faire provision de combustible : fagots d'épines
noires, lianes de viorne, branches mortes et moussues, tout
était de bonne prise. D'abord le feu s'allumait difficilement ; le
bois vert se tordait avec des jets de fumée et ne voulait pas
flamber ; puis, les feuilles sèches aidant, à force de s'essouffler,
on arrivait à obtenir une claire flamme qui montait, terminée
par de belles fumées bleues. Alors on imaginait toute sorte de
préparations culinaires, dont les pommes de terre, rissolées
sous la cendre, formaient le principal et le plus sérieux
élément.

J'avais un camarade qui partageait toutes mes illusions
gastronomiques et qui n'était jamais en retard, lorsqu'il
s'agissait de pratiquer une expérience nouvelle. Nous avions
lu tous deux le *Robinson suisse* et nous y avions vu la des-
cription d'un certain rôti de *pécari à la caraïbe*, préparé
sous la terre, dans un four chauffé à l'aide d'un grand feu
de bois. Cette sauvage et originale cuisine nous avait fait
venir l'eau à la bouche, et pendant toute une semaine, nous
n'avions plus songé qu'aux moyens de confectionner un
pécari de notre invention. — Un jeudi, après la classe, nous
nous donnâmes rendez-vous au long d'un champ de pommes
de terre avoisinant les bois et les friches. Nous avions

apporté un filet de porc, avec lard, poivre et sel, comme assai-
sonnements, et nous discutâmes gravement la question de la
cuisson.

— Un instant, dit mon camarade L... qui avait l'esprit
scientifique, il faut d'abord construire un four dans de bonnes
conditions.

Nous creusâmes le sol de la friche, nous garnîmes le fond et
les bords de l'excavation de cailloux plats, sur lesquels, avec
des brassées de branches sèches, nous fîmes flamber un beau
feu. — Tandis que la flamme montait joyeuse dans la friche
solitaire, je commençais mon métier de cuisinier. Je cou-
chais le filet de porc dans un lit de serpolet frais cueilli,
je le bardais de lard, puis je l'enveloppais de feuilles de
vigne et j'allais déterrer des pommes de terre dans le champ
voisin.

— Le four est chauffé à point! me cria L...

Alors nous déposâmes notre filet sur les pierres brûlantes, nous rangeâmes autour les pommes de terre, et le
tout fut recouvert d'un toit de cailloux très chauds, saupoudrés de gravier tiède, sur lequel j'allumai de nouveau
un brasier ardent. Puis, tandis que la fumée bleuâtre montait en spirales vers le ciel, nous attendîmes, le cœur palpi-
tant.

Au bout d'une heure : — Je crois que c'est cuit! dit L...
Sens-tu cette bonne odeur de rôti?

En réalité nous ne sentions rien qu'un vague parfum
d'herbes grillées ; mais en imagination nous avions déjà les
sensations d'un savoureux fumet aromatique.

Nous déterrâmes notre rôti avec mille précautions, en
nous léchant d'avance les lèvres... O déception ! Le filet *à la
caraïbe* était absolument cru ! Il fallut y renoncer et se con-
tenter des pommes de terre cuites sous la cendre.

Cela date déjà de bien longtemps !... Depuis, L... est
devenu un savant géomètre ; il est entré à l'Institut, puis un
jour, tué par le travail, il est tombé mortellement malade. Les
médecins ayant prétendu que l'air natal le remettrait peut-être,
il était retourné au pays, et il trouvait encore assez de forces
pour faire des promenades dans les champs où nous avions si
souvent flâné pendant nos années de collège. Une après-midi
de la fin de juillet, il voulut, en souvenir du vieux temps,
qu'on lui cuisinât une grillade de jambon à un feu de broussailles, en pleine friche. Il assurait que cela lui redonnerait
de l'appétit. Peu de jours après, aux approches de septembre, il s'alita et son reste de vie s'exhala doucement,
comme la fumée bleue de ces feux de branches sèches que
les ramasseuses de pommes de terre allument dans leurs
champs...

Ces feux de *fanes* et de feuilles mortes durent toute
l'après-midi. Pendant ce temps la récolte s'achève ; les sacs
remplis par les femmes s'alignent au bord du chemin ; les
hommes les chargent sur la charrette ; on couche les petits
parmi les sacs pressés contre les ridelles, et puis, en
route !...

Par des chemins pierreux et cahotants, on revient à la
ferme, dont les vitres déjà rougissent aux dernières lueurs du
couchant. — Et là-bas, dans les champs aux terres remuées,

devenus solitaires, les feux à demi consumés, jettent encore quelques étincelles rouges, et leurs minces filets de fumée montent silencieusement en lignes bleuâtres vers les premières étoiles.

IV

LE DIMANCHE A LA FERME

Quand le samedi soir, dans les champs, le soleil déclinant marque d'un trait rouge sa fuite derrière les nuages amassés à l'ouest, et que le crépuscule survenant noie les objets dans une demi-obscurité, ceux qui travaillent à la terre redressent leur dos courbé, essuient leur front, et, avec un soupir de soulagement, en songeant que le lendemain est un dimanche, reprennent lentement le chemin de la ferme. — Robert Burns, le poète rustique de l'Écosse, a

6

écrit sur cette fin du samedi soir des vers qui me reviennent toujours à l'esprit, quand je me promène à travers la campagne, à l'heure crépusculaire et douce qui marque l'achèvement des travaux de la semaine :

« Le froid novembre souffle bruyamment son aigre plainte ; — la courte journée d'hier est près de finir ; — les bêtes boueuses sont dételées de la charrue, — de noires envolées de corbeaux regagent leur retraite, — le paysan vanné de fatigue quitte son travail ; — ce soir, sa semaine de labeur est finie. — Il rassemble ses bêches, ses hoyaux et ses houes, — espérant un matin de loisir et repos, — et, las, à travers la bruyère, il se met en marche vers son logis.

« Enfin sa demeure isolée se montre à ses yeux, — près du vieil arbre qui l'abrite ; — tout son petit monde, qui l'attendait, accourt au-devant du père avec des trémoussements de joie. — L'âtre flambant qui s'illumine gaîment, — le foyer aux landiers reluisants, le sourire de la ménagère, — le babil du marmot qu'il fait sauter sur ses genoux, — le consolent de ses soucis tracassants, — et lui font oublier totalement sa fatigue et sa peine. »

Aujourd'hui encore ce tableau de la vie paysanne est vrai dans la plupart de ses détails. Il y a quelque chose d'apaisant et de solennel dans ce retour des champs à la fin de la semaine. Le long des chemins qui convergent vers la ferme, des pas lourds résonnent sur les cailloux, unis à des cahots de charrettes et à des piétinements de chevaux. Traversant les pâtis sous la conduite du pâtre, le troupeau revient en hâte vers l'étable qu'il salue de longs bêlements. Pieds nus dans ses sabots, une baguette à la main, une fillette pousse une bande d'oies vers la basse-cour. Un profond silence se fait dans la campagne déserte, où quelque silhouette de charrue se découpe seule, immobile, sur le ciel assombri. Muette dans sa ceinture de saules rabougris et de joncs inclinés, la mare endormie reflète encore la dernière lueur du couchant, tandis que les fenêtres basses de la ferme s'éclairent d'une rougeur dansante d'âtre flambant.

Les bêtes au repos dans l'étable ne font plus entendre qu'un murmure vague, au milieu duquel détonne parfois le grognement hargneux d'un *habillé de soie*, auquel un compagnon gênant veut prendre sa place. — Dans la cuisine, étendus sur les bancs, les reins endoloris, les jambes cassées, les hommes attendent, presque sans parler, le souper que les femmes préparent. Enfin, sur la longue table massive, les écuelles de terre brune sont rangées et la ménagère y verse la soupe fumante. Chacun mange avec une méthodique lenteur ; puis, la dernière bouchée avalée, chacun gagne en hâte son lit : les domestiques, dans les soupentes contiguës à l'écurie ; les maîtres, dans la spacieuse alcôve qui s'ouvre au fond de la cuisine, et que voilent à demi des rideaux et un baldaquin de cotonnade rouge. Bientôt toute la ferme dort d'un sommeil profond ; on n'entend plus que le tic tac de l'horloge dans sa boîte oblongue, rythmant les ronflements des dormeurs. Parfois aussi le silence est troublé par le frottement sourd, contre le bois de la crèche, d'une vache qui tire sur sa longe, — ou par le craquement sec d'un os croqué dans un coin de la cuisine par un chat à demi sauvage...

Dès l'aube, de lointaines sonneries de cloches annoncent par les champs la solennité du dimanche. La ferme s'éveille sans se presser, en songeant avec une intime satisfaction que c'est jour de chômage. Dans la cour, près de la pompe, les hommes, col et bras nus, procèdent à leurs ablutions dominicales. Le fermier se plante devant le petit miroir pendu à l'une des fenêtres de la cuisine, fait mousser le savon dans le plat à barbe de faïence, et, les joues blanches d'écume, se rase avec componction. Puis il passe une chemise de grosse toile fraîche, revêt le gilet et l'habit-veste des jours de fête et déjeune sur le pouce, tout en musant à travers la cour et les engrangements. Pendant ce temps, les femmes dans la chambre de réserve, mettent leur jupe et leur casaquin neufs, épinglent avec de minutieuses précautions le châle de laine sur leurs épaules, la coiffe de mousseline empesée sur leur tête, et, prenant leur paroissien dans l'armoire, s'en vont en bande assister à la grand'messe du village le plus voisin.

Les hommes aussi se dirigent vers la paroisse, mais le plus souvent avec de moins pieuses intentions. Le fermier profite de ce jour de repos pour s'occuper d'affaires d'argent. Il va rendre visite au notaire et parfois aussi, hélas ! à l'huissier. Quand il sort de l'étude où il a laborieusement discuté ses intérêts, il se sent le gosier sec ; l'auberge est à deux pas, et, à travers les vitres, il entend le choc des verres et le gros rire des buveurs ; alors, c'est grand hasard s'il résiste à la tentation de vider bouteille avec les amis du *Cheval blanc* ou du *Soleil d'or*. Quand il fait beau temps, c'est au dehors, dans la cour du cabaret, que les clients se donnent rendez-vous, autour du

DÉPART POUR LES CHAMPS

jeu de boules ou du jeu de quilles, tandis que les tables se dressent sous les cerisiers. Pendant la mauvaise saison, c'est dans une salle enfumée que les buveurs s'entassent et, jusqu'au soir, les blouses et les habits-vestes se pressent sur les bancs de bois ; les verres tintent ; les épaisses tasses de porcelaine blanche s'emplissent de café noir et les jeux de carte entrent en danse.

Toute l'après-midi, et bien souvent longtemps après la tombée du jour, dans l'atmosphère lourde de la salle sur-chauffée par toutes ces haleines alcoolisées, à travers un brouillard de fumées de pipes, on entend monter de gros rires et s'entre-croiser des conversations à bâtons rompus, rappe-lant de loin les gras propos des buveurs de Rabelais. Quand le vin seul sert à étancher la soif renaissante de tous ces gosiers salés, ce n'est que moitié mal. L'ivresse du vin, en général, est plus tapageuse que malfaisante ; mais à mesure que les cabarets de village se multiplient, les paysans prennent de plus en plus l'habitude de boire de la bière et de l'eau-de-vie. Le café, qu'on ne se permettait jadis qu'aux jours de fêtes carillonnées, se sert maintenant à tout propos et dans les moindres hameaux. Il n'est d'ailleurs qu'un prétexte à de nombreux *glorias* et *pousse-café*, où l'on se verse des rasades de trois-six allemand, plus dangereux cent fois que du vitriol. Après ces buveries prolongées jusqu'à la nuit close, le fermier s'en retourne chez lui, les poches légères et le cerveau embrumé. Parlant tout haut et festonnant à travers le chemin semé d'ornières, il s'égare parfois, s'envase dans des marais sur lesquels dansent de phosphorescentes lueurs qu'il prend

pour des *sotrets* ou des *hannequets*. Ou bien un buisson épi-
neux, une branche d'arbre l'arrêtent par la fausse poche de sa
blouse ; il a grand'peine à se dépêtrer de cette diabolique
étreinte, et le lendemain, il raconte à qui veut l'entendre qu'il
a eu maille à partir avec le *meneux de loups* ou qu'il a rencontré la *grand'chasse* et qu'il a été vilainement piétiné par les
chevaux ensorcelés.

Les femmes, après avoir entendu l'office, s'en reviennent
à la ferme par le chemin le plus long, en commentant les
nouvelles qu'elles ont récoltées sous le porche de l'église.
Puis, rentrées dans le logis silencieux où les bêtes elles-
mêmes semblent comprendre et savourer le repos du dimanche,
elles s'occupent à des tâches pacifiques et faciles. Si le temps
est beau, elles s'en vont, le cotillon retroussé, le tablier bleu
étalé sur la robe, se promener à petits pas dans le jardin ou
le verger. Elles regardent si les fruits commencent à nouer,
si les choux pomment bien, si les chenilles ne rongent pas
leur rosier à cent feuilles. Elles se communiquent et discutent
longuement des recettes de ménage ou des pratiques superstitieuses : — « Il ne faut pas filer le jour de sainte Agathe, car
on risque alors d'avoir des enfants fous. — Quand les lis fleurissent tard, c'est signe que la vendange mûrira mal. — En
semant des navets, il faut réciter cette formule : « A la Saint-
« Barnabé, sème tes navets ; qu'ils soient grands comme ma
« jambe, gros comme ma cuisse et ronds comme ma tête ; »
on est sûr d'avoir par ce moyen une bonne récolte. » — Le
reste de la journée se passe ainsi doucement à d'innocents
bavardages.

Mais ce sont là distractions de vieilles femmes. Les jeunes servantes, pour qui le dimanche est un jour de liberté, sont restées pour la plupart au village, où elles devisent avec des camarades. Par bandes de trois ou quatre, elles rôdent aux environs de la salle de danse, où l'on entend les grincements sautillants d'un crin-crin soutenu par un cornet à piston. Bientôt, poussées du coude par les garçons, elles entrent dans le bal après s'être fait hypocritement prier. — Malgré la précaution qu'on a prise d'arroser le parquet entre chaque danse, un nuage de poussière flotte autour des couples qui tournoient. Les filles, coiffées d'un bonnet de linge, le mouchoir noué autour de la taille, se trémoussent avec des airs sages et des yeux sournoisement baissés ; les garçons, la casquette sur l'oreille, la blouse neuve largement ouverte sur le gilet, ont le geste plus déluré, la mine plus crâne. Après chaque figure ils soulèvent leur danseuse à bras-le-corps, puis la reposent à terre avec un cri joyeux.

Dans cet entraînement du rythme, parmi cette gaîté tapageuse et ce tournoiement de la danse, le démon du plaisir fait oublier à la servante les rudes labeurs de la semaine. Les quadrilles succèdent aux valses et, aux accords des violons, les heures s'envolent rapides comme des abeilles bourdonnantes qui s'en retournent à la ruche. A la nuit close, le danseur obtient la permission de reconduire sa danseuse jusqu'à la ferme, et, le long des sentiers obscurs, sous les étoiles indulgentes, des couples cheminent lentement. Enfin les toits de la ferme se dressent confusément dans la plaine. On se sépare à regret. La servante, encore étourdie, se glisse en

7

tapinois vers la soupente où son lit est installé de plain-pied avec l'étable, et, bien que lassée, elle s'y retourne longtemps sans pouvoir s'endormir, ayant encore des bruits sautillants de violon dans l'oreille...

Les coqs chantent. Un rayon blanc passe par la baie de la gerbière. Voici la prime aube. La lanterne de corne à la main, le berger ouvre la porte de l'étable et pousse devant lui les moutons qui détalent avec de longs bêlements. Les porcs commencent à grogner dans la soue, et le garçon d'écurie vient d'un pas traînant donner l'avoine aux chevaux. Debout !... La besogne de la semaine recommence.

Sous les grises blancheurs du jour naissant, les hommes tracassent déjà dans la cour. D'une voix perçante, la fermière bêle et gourmande les servantes paresseuses, qui se secouent et s'étirent sur leur grabat dur. Le fermier, la tête lourde et la langue encore pâteuse des buveries de la veille, donne des ordres d'un air bougon. On attelle les chevaux aux charrues ; on prépare les tombereaux de fumier ; les hommes de journée partent avec leurs outils sur l'épaule, et d'un pas pesant, dans le premier frisson du matin, laboureurs, herseurs, charretiers, mordant encore un croûton de pain de ménage, s'éparpillent sur les routes ou dans les champs. — Les fouets claquent, des jurons invectivent les bêtes trop lentes ; les roues crient et cahotent sur les cailloux des ornières. Chacun s'en va à sa tâche et pense tristement à la journée peineuse où il faudra jusqu'au soir se battre avec la terre. — Et déjà là-bas, sur le versant des jachères, parmi l'herbe mouillée des pâtis, le pâtre souffle dans sa corne, en poussant devant lui

un tumultueux troupeau. On voit sa haute silhouette, dans
l'enveloppement de la limousine, se développer sur l'horizon clair où le soleil émerge d'un floconnement de nuages
roses.

LE BLÉ

LE BLÉ

Le grain des dernières semailles
S'agite obscur dans les entrailles
    Des profonds labours ;
La terre maternelle enferme
La frêle semence qui germe
    Pendant de longs jours.

Le blé sort en herbe. La neige
Contre les froids noirs le protège ;
    Puis du blanc tapis
Avril fond les derniers vestiges,
Et l'on sent déjà dans les tiges
    Grossir les épis.

En mai tout part : le vent promène
Sa molle et caressante haleine
    Sur les blés nouveaux ;
Il mêle à leur nappe mouvante
L'azur des bleuets et l'ardente
    Rougeur des pavots.

Sous le grand soleil qui brasille
Voici messidor ; la faucille
    Fait son dur labeur :
On met en meule, on bat en grange
Et le grain lourd sort sans mélange
    Des mains du vanneur.

Moulins ailés où le vent joue,
Moulins dont l'eau pousse la roue,
    Tournez jusqu'au soir !

Tournez!... que la fleur de farine
Tombe pure, neigeuse et fine,
   Des trous du blutoir.

Maintenant d'une main pieuse,
Dans les flancs de la huche creuse
   Pétrissons le pain,
Et chantons le blé pacifique
Qui nourrit depuis l'âge antique
   Tout le genre humain.

I

LE LABOUR

Je trouve dans mes notes et je transcris fidèlement cette impression d'une après-midi de mars dans les terres labourées :

« Tout le village est aux champs. Là-haut, sur le plat de la colline où l'on sème les *marsages*, il y a une animation qui contraste avec la solitude de la forêt, dont les lisières, tantôt échancrées, tantôt saillantes, encadrent de leurs marges sombres les labours fraîchement remués. Partout, bêtes et gens sont à l'œuvre ; la vie rustique est en plein réveil. Ici déjà, l'on

herse ; plus loin, le soc d'une charrue commence à soulever
des mottes luisantes. Les bêtes tirent, le cou tendu ; les fouets
claquent, les hommes encouragent de la voix leur attelage :
— Hue ! dia ! ohé ! — Les cris retentissent nettement dans
l'air sonore.

« Le soleil ne s'est pas montré de l'après-midi. Un ciel
marbré de nuages blancs laisse voir, çà et là, par d'étroites
déchirures, des coins d'un azur froid. Un vent de bise, couche
au ras de terre les herbes sèches des éteules ; malgré cette
austère physionomie de la campagne, on sent déjà que la vie
printanière n'attend plus qu'une pluie tiède pour renaître.
Des centaines d'alouettes montent vers les nuées, et leur
chant vibrant, réjouissant, infatigable, se mêle aux cris
des laboureurs. A la crête d'un champ, à l'endroit où la
ligne onduleuse de la côte coupe le ciel pâle, une charrue,
avec les deux chevaux qui la tirent et l'homme qui la
pousse, s'enlève vigoureusement sur l'horizon. Le groupe
est d'une harmonie et d'une grandeur saisissantes. — Rien
que la terre nue et brune, le ciel clair, les silhouettes
simplifiées de l'attelage et du laboureur ; et cela compose
un ensemble d'une poésie et d'une beauté qui arrêtent le
regard.

« L'homme est jeune et robuste : il a vingt-cinq ans au
plus, ses jambes guêtrées de toile bise, sa blouse de couleur rousse, se confondent presque avec la terre, quand il
est au bas du champ ; mais, quand il arrive lentement à
la ligne de l'horizon, son profil se découpe sur le ciel, et
le piéton au collet rouge, qui longe à mi-côte, sa boîte

au dos, le chemin vicinal, lui crie de loin un jovial bonjour
en agitant son bâton de cornouiller. Le laboureur tourne
vers le facteur sa figure affairée, lui renvoie son salut,
puis se remet à pousser sa charrue, en excitant les chevaux... »

Bien que ces notes donnent surtout l'impression du labourage au printemps, néanmoins, dans un certain nombre de
détails, elles restent exactes pour ce qui concerne les labours
d'automne. C'est le même travail, rude et absorbant ; les conditions atmosphériques et la tonalité du paysage, seules ont
changé. Les brouillards et les feuilles tombantes d'octobre
donnent à l'opération initiale du labour une majesté plus
mélancolique. Il y a une touchante opposition entre ces végé-
tations qui se meurent, et ces sillons qu'on ouvre pour y
semer le grain des moissons prochaines. A l'exception des
marsages, les semailles du blé se font surtout en automne.
C'est la grande saison des labours, et c'est le moment où le
paysan dépense la plus grosse somme de travail. Le labour
est une opération ardue, qui demande non seulement de la
force et de la patience, mais aussi une longue expérience
du métier. Il y faut, d'abord, de bons bras, puis, une connaissance quasi intuitive des terrains. Enfin le bon labourage
dépend, non seulement du parfait état de la charrue et de
l'intelligence du laboureur, mais encore des bêtes qui composent l'attelage. « Le laboureur qui entend son affaire, laboure
plus ou moins profondément suivant la qualité du sol et
suivant la saison. La terre ayant besoin de plusieurs façons,
les premiers labours doivent creuser la terre plus bas ; le

dernier, celui qui précède les semailles, doit pour ainsi dire
peler le sol plutôt que de le creuser[1]. » En outre, les larges
sillons plats conviennent aux terrains secs, où il est nécessaire
que l'eau ne s'écoule pas trop vite ; dans les terres argileuses
et froides, au contraire, il importe de rétrécir les sillons, en
donnant de la pente aux champs, pour faciliter l'écoulement
des eaux. — C'est ce qui explique pourquoi, dans certains
terrains, les champs labourés présentent une surface en dos
d'âne, tandis que dans d'autres, la surface du champ reste
plane.

Dans nos pays de l'Est, on emploie comme bêtes de trait
les chevaux ; mais beaucoup de départements, et surtout dans
l'Ouest, le labourage se fait avec des bœufs. Ces derniers
offrent l'avantage de tirer toujours avec ensemble, d'aller lentement et par conséquent de permettre à la charrue de creuser
plus également le sol. — Si on se place au point de vue pure-
ment plastique, ces attelages de bœufs ont quelque chose de
plus pictural et de plus majestueux. Leur allure pacifique et
lente est plus en harmonie avec la grandeur de cette importante
opération du labourage.

Courbant leurs têtes puissantes sous le joug, les bœufs
s'avancent de front et tirent vigoureusement, en arc-boutant
contre la glèbe leurs jambes cagneuses. Dans l'air humide,
leurs naseaux exhalent une chaude haleine qui se vaporise en
buées blanches. Près d'eux, le bouvier, réglant son pas sur le
leur, touche légèrement leur front cornu du bout de son

---

1. P. Joigneaux. — *Les Champs et les Prés.*

aiguillon, et cette brève caresse suffit pour les faire marcher droit. Courbé sur la charrue dont il tient le manche dans ses mains terreuses, le laboureur soulève ou enfonce le soc. Derrière, la glèbe creusée montre ses flancs bruns aux mottes luisantes, d'où émane un bon parfum d'humus. Parfois, allant et venant de l'attelage à la charrue, un petit gars écrase du pied les mottes trop compactes et les émiette. — Cela forme un groupe à la fois simple et grand, qui résume toutes les rudesses et aussi toute la poésie de la vie paysanne.

Quelquefois le bouvier chante pour exciter ses bœufs. En Poitou, cela s'appelle *arauder*, et les chansons varient suivant le mode du labour.

En voici une, pour le *grand labourage*, où figurent les noms de dix bœufs :

> Levréâ, Noblet, Rouet,
> Herondet, Tournay, Cadet,
> Gageâ, Marlecheâ,
>   Tartaret ! Doret !
> Eh ! eh ! eh ! mon mignon !
> Oh ! oh ! oh ! mon valet !

La chanson de l'*araudage*, comme la plupart des chansons campagnardes d'ailleurs, se chante sur un rythme traînant et mélancolique. La voix monte, se prolonge et va se perdre au loin, emportant, vers la lisière des bois effeuillés, cet air qui s'harmonise avec les brumes de l'arrière-saison et les tourbillons des feuilles jaunes que chasse le vent d'automne. — Le paysan est comme l'oiseau ; il chante, non par gaîté de cœur,

mais par habitude et comme pour bercer sa fatigue. — Et elle
est rude, elle est longue, la fatigue du laboureur ! — Quand
vient le moment des labours, quelque temps qu'il fasse, il se
lève avant l'aube. Il chausse ses lourds souliers, encore tout
humides de la pluie de la veille ; il harnache et attelle ses
chevaux mieux avoinés que lui ; et, dans la lumière dou-
teuse d'un gris matin d'octobre ou de mars, par la bruine,
par le grésil, par le vent, il s'en va aux champs. Et tout
le jour, il faut creuser le sol pierreux ou fangeux, suer
d'ahan ; être trempé jusqu'à la peau s'il survient une ondée ;
brûlé dans le dos, si le soleil darde trop fort. Sans arrêt,
sans repos, il faut labourer, car la terre n'attend pas ; le
champ doit être prêt pour les semailles, et pour semer on ne
choisit pas son jour. — Le laboureur rentre à la nuit tombante, courbé, fourbu, *hodé* comme on dit chez nous, si
vanné de fatigue qu'il ne se sent même plus d'appétit, et
qu'entre la lassitude de la veille et celle du lendemain, c'est
à peine si la nuit est assez longue pour détendre ses muscles
courbatus.

Et ce sera ainsi tout le long de l'année. Chaque saison
survenante amènera son labeur éreintant, jusqu'au jour
où, perclus et vieux, le paysan s'étendra dans son lit,
tandis que ses enfants le regarderont comme une bouche
inutile, et, inconsciemment, songeront que ce serait grand
soulas pour tout le monde si le bonhomme passait de vie à
trépas.

Ah ! elle est tristement vraie, la chanson bressane sur les
gens qui labourent la terre !

LE LABOURAGE

Le pauvre laboureur,
Il a bien du malheur.
Le jour de sa naissance,
L'est déjà malheureux.

Qu'il pleuve, tonne ou grêle,
Qu'il fasse mauvais temps,
L'on voit toujours, sans cesse,
Le laboureur aux champs.

Le pauvre laboureur
A de petits enfants ;
Les met à la charrue
A l'âge de quinze ans.
Leur achète des guêtres ;
C'est l'état du métier,
Pour empêcher la terre
D'entrer dans leurs souliers...

Et l'impitoyable chanson parcourt ainsi chaque étape de
l'existence du laboureur, sans laisser apercevoir, dans cette
condition humaine, le moindre petit coin de bleu. — La vieille
chanson des paysans bretons est moins désespérante, car,
après avoir plaint la destinée de celui qui fait pousser le blé,
elle ajoute :

« O laboureurs, vous souffrez bien dans la vie ! O laboureurs, vous êtes bien heureux !... Car Dieu a dit que la porte
charretière de son paradis serait ouverte pour ceux qui au-
raient pleuré sur la terre.

« Quand vous arriverez dans le ciel, les saints vous recon-
naîtront pour frères à vos blessures. Les saints vous diront :
— Frère, il ne fait pas bon vivre ; frère, la vie est triste et l'on

est heureux d'être mort. Et il vous recevront dans la gloire et
dans la joie. »

Mais la chanson bretonne date d'un siècle religieux, tandis
que le paysan moderne ne croit guère et ne prie plus, esti-
mant sans doute que sa voix est trop faible et que Dieu est
trop loin. — Il ne lève plus sa tête au ciel que pour regarder
si les nuages sont menaçants et s'il ne sera pas trempé
demain jusqu'aux os, pendant qu'il poussera sa charrue.

Si le paysan n'est plus guère croyant, il a du moins la
religion de la résignation. Au rebours de l'ouvrier des villes,
il ne déclame ni ne récrimine : sa plainte n'est ni amère ni
bruyante. On dirait que cette communion constante de l'homme
avec la terre donne à sa douleur même quelque chose de sain,
de robuste et de patient. Le paysan a horreur de la rhétorique.
Cela se voit bien dans ses chansons, qui sont le plus souvent
tristes, mais toujours simples et sobres. Dans ces deux chants
populaires, bressans et bretons, que je citais tout à l'heure et
qui sont si opposés de ton et de pensée, il y a cependant un
sentiment commun : la résignation douce à une destinée fata-
lement malheureuse. La chanson bressane dit : « C'est l'état
du métier » ; la complainte bretonne répète : « La vie est
triste et l'on est heureux d'être mort. » Aucune des deux ne
creuse plus avant et ne murmure le moindre cri de révolte.
Cette résignation de l'homme courbé vers la glèbe date de loin.
On la retrouve dans les *Moissonneurs* de Théocrite, dans le
Moretum de Virgile. Elle est gravée sur les figures hâves et
gravement mélancoliques de ces paysans qui vident silencieusement leur verre, dans le beau tableau de Lenain, qui

est au musée Lacaze. Partout et à tous les âges, le laboureur semble ruminer tristement et d'un air convaincu la dure parole de l'Écriture : « Tu gagneras ton pain à la sueur de ton front. »

II

LES SEMAILLES

Le grain de blé est semblable au grain de sénevé de l'Évangile : « C'est une toute petite semence dans la terre », et cependant, parmi les végétaux les plus robustes, parmi les arbres les plus élevés, y a-t-il une plante qui joue dans l'alimentation humaine un rôle aussi important que l'humble et frêle graminée sortie de cette petite semence ? Le blé nourrit la plus grande partie des populations du globe. — L'avoine, dit un axiome campagnard, donne le cheval, et le blé donne l'homme. —

Balzac allait même plus loin, il prétendait que le blé donne
l'esprit, ou du moins les plus brillantes et les plus lucides
qualités de l'esprit. Il démontrait que les peuples chez lesquels le pain entre pour une plus large part dans l'alimentation, sont les peuples les plus spirituels.

Le grain de blé a en petit la forme d'un pain ; il est d'un
brun doré comme le pain qui sort du four, et réuni en masse,
il exhale une fine et savoureuse odeur. Il est d'une admirable
fécondité. Dans un bon terrain, un seul boisseau de froment
peut en produire cent cinquante, dit-on. On raconte que le
receveur de l'empereur Auguste lui envoya d'Afrique près de
quatre cents épis provenant d'un seul grain, et qu'on envoya
de même à Néron trois cent soixante tiges sorties de la même
semence. — Il est certain que dans les années ordinaires, un
hectare de terre à froment rend, sans exagération, de dix-huit
à vingt hectolitres de grain.

Mais, pour que cette fécondité merveilleuse soit possible, il
faut certaines conditions de sol et de culture. Le blé ne s'ac-
commode pas de tous les terrains. La parabole du semeur est
vraie, même au point de vue matériel ; tout grain qui ne tombe
pas dans « une bonne terre », ou ne germe pas, ou germe mal.
Les terrains très calcaires, légers et sans profondeur, ne conviennent pas au blé ; il y pousse, mais chétif, rabougri et les
rares épis qui sortent des tiges étiolées, ne récompensent pas
le cultivateur de ses peines. Il faut au froment des terrains
riches, frais, argileux, et contenant autant que possible du
sable siliceux, des poussières de grès ou de granit. — « En un
mot, dit Pierre Joigneaux, tout sol qui use vite les fers de

LES SEMAILLES

charrue est un excellent sol à froment[1]. » Le blé y pousse
dans de bonnes conditions ; il n'y est point sujet à verser au
moindre coup de vent ; il produit beaucoup en paille et en
grain.

Non seulement, il faut que le sol soit propre à la culture
du froment, mais il importe que la terre où l'on sème soit
convenablement fumée et façonnée. Dans les terrains argileux,
on doit donner trois ou quatre coups de charrue avant les
semailles ; un seul coup suffit, quand on sème sur un trèfle ou
après une récolte de pommes de terre.

Enfin, il y a une autre condition essentielle pour que les
semailles soient productives : il faut bien choisir sa semence.
Les graines malades, appauvries, fatiguées, ne peuvent donner
des tiges robustes et des épis bien portants ; pas plus que d'un
père affaibli ou rachitique ne peut sortir une race saine et
solide. L'hérédité s'exerce chez les plantes comme chez les
hommes. Le semeur doit choisir des grains lourds et lui-
sants, provenant d'épis sains, bien conformés, poussés sur
une tige robuste. Il doit en outre approprier son choix à la
nature du terrain, et à la saison pendant laquelle ont lieu les
semailles. Les blés qu'on sème en mars ne sont pas de
même sorte que ceux qu'on sème en automne ; ils appartiennent à des variétés différentes. En général, les épis des
blés *de printemps* ont des barbes faibles et des balles peu serrées. Parmi ces froments *de mars*, on cite le blé de Pologne,
le blé d'été sans barbes, le blé du Bengale à barbes noires,

1. P. Joigneaux. — *Les champs et les prés.*

le blé de Sicile, le blé *de miracle* à épi rameux et barbu, etc.

On sème en automne le blé ordinaire, connu sous le nom de *froment d'hiver*, sans barbes, dont les grains sont très lourds et farineux. On y sème également un froment désigné sous le nom de *blé rouge* d'Égypte, à barbes longues, à pailles pleines et à épis très grenus ; et enfin, une troisième espèce de blé barbu à épi long, mais peu serré : le blé de Philadelphie.

Une fois la terre façonnée et la semence préparée, il n'y a plus qu'à commencer le grand travail de la semaison. On sème le froment à partir de la dernière quinzaine de septembre, jusqu'aux approches de la Saint-Martin (11 novembre). Plus on peut attendre et meilleure est la saison ; seulement, en matière de semailles, on n'est pas maître de choisir son heure, et on est à la merci du temps. Dans ces jours d'automne, surtout à partir de l'équinoxe, la température est excessivement variable, les pluies peuvent venir et, alors, comment semer avantageusement, quand l'eau séjourne parmi les terres grasses et argileuses ? Dans ces terres-là, du reste, plus on sème tôt, moins il faut de graine. On emploie généralement par hectare deux hectolitres de semence.

Le semeur prend le grain dans un sac peu profond, qu'il porte attaché autour de ses reins. En Touraine, il se sert d'une corbeille qu'on appelle *paillon*. Il marche à pas bien comptés dans les sillons et répand la semence par poignées, en décrivant un arc de cercle. Ce grand acte des semailles est beau comme une cérémonie religieuse. Il donne de sculpturales attitudes au moindre rustre. Son ampleur et sa majesté ont

toujours frappé les peintres et les poètes. La Fontaine a
décrit

> Cette main qui par les airs chemine,

et Victor Hugo a chanté en beaux vers « le geste auguste du
semeur » :

> Sa haute silhouette noire
> Domine les profonds labours,
> On sent à quel point il doit croire
> A la fuite utile des jours.

> Il marche dans la plaine immense,
> Va, vient, lance la graine au loin,
> Rouvre sa main et recommence...

L'un des grands peintres de la vie rustique, mon ami Bastien-Lepage, avait été frappé, lui aussi, de la beauté simple de
cette primordiale opération des semailles et il avait résolu
d'en faire le sujet d'un tableau de l'importance de celui des
Foins. Il en avait même peint une esquisse que je me rappelle
avoir vue longtemps dans son atelier : elle représentait un
labour en pente, au coucher du soleil ; un homme en bras de
chemise y répandait ses dernières poignées de semence. —
Rien que ce champ nu aux sillons fraîchement retournés rougis
par la lumière oblique du couchant, et cet homme se silhouet-
tant sur la terre brune baignée de soleil. — Cette étude avait
un accent d'agreste poésie et une particulière saveur; la mort
n'a pas permis à l'artiste d'en faire un tableau.

Pour mon compte, j'ai gardé profondément l'impression

d'une après-midi aux champs à l'époque des semailles d'automne.

C'était dans la Haute-Savoie, non loin du lac d'Annecy, en octobre. Je longeais la lisière d'un bois de châtaigniers, qui couvre la pente d'un promontoire nommé le *Roc de Chère*. Au moment où j'allais arriver au sommet, j'entendis la mélopée traînante, lancée à pleine voix, d'un paysan qui chantait, et, ayant franchi un fossé que bordait une haie de prunelliers, je vis, sur le plateau, dans un champ fraîchement labouré, le chanteur qui marchait à pas égaux en répandant sur les sillons des poignées de grain, qu'il tirait de la sacoche suspendue à sa ceinture. Sa silhouette trapue se détachait sur le bleu lapis du lac dont, arrivé à cette hauteur, on aperçoit la nappe foncée encadrée entre les montagnes.

Dans les bois, les châtaignes mûres tombaient sur la mousse avec un bruit mat; dans le champ labouré, les poignées de grain s'éparpillaient sur les sillons pierreux avec un léger bruit métallique, et le paysan, de son geste circulaire et cadencé, rythmait pour ainsi dire les syllabes traînantes de sa chanson rustique, dont je ne distinguais presque que les finales prolongées comme à plaisir. — Cette voix aux notes caressantes, cette tiède après-midi, cette tombée de feuilles jaunissantes et de fruits mûrs, ce grain confié à la terre, l'azur du lac, l'élancement des hautes cimes à demi voilées de brume, — tout cela vous exaltait comme un *sursum corda* : on se sentait remué par une émotion attendrie, pacifique et réconfortante, qui prenait le cœur et humectait doucement les yeux...

Quand le grain est dans les sillons, on l'enterre au moyen

d'un dernier et léger labour, ou le plus souvent en faisant
passer la herse sur le champ ensemencé. — Et maintenant,
petit grain de blé, repose dans la terre brune pendant les rudes
mois d'hiver! La neige te couvrira douillettement, et, sous
son blanc manteau humide, tu germeras en silence. Puis,
quand, à la Chandeleur, les pluies de février auront fondu la
glace et détrempé l'humus, tu pousseras ta première pointe,
et bientôt les tiges menues se dresseront, en lignes serrées,
mettant sur toute la surface du champ une verte espérance
de fécondité.

III

LA MOISSON

« Au mois de mai, dit un proverbe breton, le seigle déborde la haie. » Le blé n'est pas aussi avancé, mais il est déjà d'une belle hauteur ; arrosé par les pluies d'avril, il pousse dru, et avec lui, une vagabonde végétation de plantes parasites apparaît entre les tiges noueuses, au fond desquelles on peut déjà sentir l'épi qui grossit. Il ne faut pas que ces étrangères dérobent à la terre le suc nourricier qui doit servir à gonfler l'épi naissant, et le moment est venu de procéder à un travail de nettoyage que l'on confie aux femmes et aux enfants. C'est ce qu'on appelle l'*échardonnage*. On échardonne avec de vieux couteaux, ou mieux, à l'aide d'un outil terminé par une petite lame contournée en fer de houlette, qui permet, grâce à un long manche, de sarcler les mauvaises herbes, sans trop se courber et sans fouler les jeunes tiges de blé. Encore que ce soit une besogne féminine, lorsque le soleil déjà chaud tombe d'aplomb, elle n'en est pas moins fatigante, et plus d'une jeune fille se redresse avec une courbature, quand le croissant de la lune de mai qui se lève annonce la fin de la journée.

Si attentivement que soit fait ce travail de sarclage, il laisse encore subsister dans le champ quelques plantes aventurières, qui ont échappé au fer de la *binette* et qui, se développant sournoisement dans l'ombre, mêlent tout à coup en juin leurs sommités fleuries aux épis verts et prêts à s'ouvrir. Dans la houle ondoyante des blés déjà épiés, on voit alors s'épanouir çà et là les bleuets couleur de temps, les coquelicots écarlates, les nielles rosées, les dauphinelles bleues ; et c'est un spectacle doux à l'œil, quand un coup de soleil donne sur les champs frissonnants, que ce chatoiement de couleurs vives sur le fond vert et léger des épis.

Mais de toutes ces fleurs des champs, la plus précieuse, sinon la plus voyante, c'est encore l'humble fleur du blé. Un poète enlevé trop tôt aux lettres, Charles Reynaud, l'a dignement chantée dans les vers suivants :

toi, qui t'épanouis sans faste
Dans l'épi barbelé,
O fleur laborieuse et chaste,
Petite fleur du blé ;

. . . .

Si tu n'es ni rose, ni belle,
Tu crois en liberté,
Et c'est de ta manne éternelle
Que vit l'humanité.

. . . .

Dans ta *corolle* s'élabore
Le suc puissant du grain ;
Le soleil l'achève et le dore,
Nous en ferons du pain !

Sauf le mot *corolle* qui est inexact, la fleur du blé n'ayant pas à proprement parler de corolle, la poésie de Charles Reynaud caractérise très heureusement la beauté pour ainsi dire *morale*, de cette fleurette à peine visible et dont les noces inaperçues donneront naissance au grain nourricier de l'humanité. — Pour que ces noces fécondes se célèbrent dans les meilleures conditions, il est nécessaire que le temps se mette de la partie. Pas de rayons trop brûlants, mais surtout point de ces pluies abondantes, qui, malheureusement, tombent souvent aux environs de la Saint-Médard ; — le mieux, c'est un ciel légèrement couvert, « un temps de demoiselle, ni pluie ni soleil ». — Alors le pollen féconde lentement et sûrement l'ovaire, et chaque glume de l'épi donne un grain laiteux. Vienne maintenant le grand soleil des jours caniculaires et l'épi lourd inclinera sa tête dorée. La plaine tout entière bercera au vent sa nappe onduleuse d'un blond roux, et le soir, sous le ciel rutilant d'étoiles, une savoureuse odeur de blé mûr montera dans l'air attiédi...

Voici messidor, le mois des moissons, des *métives*, comme on dit dans l'ouest. La terre brûlée crépite et se fend, les tiges des blés ont déjà pris leur belle couleur de paille. C'est l'heure propice à l'enlèvement de la récolte. Si l'on tardait davantage, les oiseaux se chargeraient de prélever la dîme sur les champs mûris, où le grain se détache déjà de l'épi. Dans les villages, dans les fermes, tout est prêt : les outils sont en état, les liens sont préparés, les attelages ont été passés en revue et on s'est approvisionné pour nourrir les moissonneurs et les moissonneuses, loués et retenus d'avance. Ces *louées* se font généralement dans les *assemblées* ou fêtes patronales qui précèdent la métive. Les ouvriers recrutés appartiennent souvent au voisinage, parfois ils viennent de loin en bandes. Certains villages pauvres ont la spécialité de fournir des moissonneurs aux pays de plaines où les céréales abondent. Dans les grandes exploitations, on loue toute une armée de manœuvriers belges, qui arrivent au jour dit, avec leurs outils, et campent dans les granges.

Dès le fin matin, bien avant que le soleil soit levé, on part pour les champs. Par ces accablantes chaleurs d'août, il est presque impossible de travailler dans le milieu de la journée, et le meilleur de la besogne se fait pendant les heures fraîches du matin. Les moissonneurs s'alignent dans la largeur du champ, chacun tenant un sillon ou une *raie* et poussant droit devant lui. Le conducteur de l'équipe ou *ordon* prend la tête et entraîne la troupe qui le suit, tandis qu'à l'arrière un second

LA MOISSON

surveillant presse les traînards et s'assure que la besogne est
consciencieusement et méthodiquement exécutée. Les blés
sont sciés avec la faucille ou couchés à terre avec la faux ; à
mesure qu'ils sont abattus, on les dispose en *andains* sur le sol
ou en *javelles.*

Quand le temps est couvert ou quand le vent est frais, ce
rude travail de la *métive* s'accomplit sans trop de souffrances ;
mais quand le soleil darde ses rayons du haut d'un ciel implacablement bleu, il arrive un moment où les moissonneurs,
hommes et femmes, arrosent littéralement les gerbes de leur
sueur. La lumière crue et aveuglante les éblouit, la chaleur
cuit leur nuque et leurs reins. Tout autour d'eux l'air flamboie ;
sous leurs pieds la terre est brûlante et le monotone bruissement des sauterelles parmi les chaumes achève de les étourdir.
Vers midi, ils n'en peuvent plus. Après avoir pris sommaire-
ment le déjeuner qu'on leur apporte du village ou de la ferme,
tous s'étendent sur le sol, cherchant à abriter leur tête à
l'ombre maigre d'une haie ou d'un carré non encore moissonné, et s'endorment d'un sommeil fiévreux, interrompu
par les piqûres agaçantes des mouches.

Le travail reprend lorsque la grosse chaleur est passée, et
il se prolonge jusqu'à la tombée de la nuit. Alors, les bandes
de moissonneurs quittent les champs déjà à demi dépouillés et
regagnent à pas alourdis, sous le ciel tout pailleté d'étoiles,
le logis du cultivateur qui les emploie. Là ils trouvent un souper de lard et de choux, arrosé de piquette, et un lit de bottes
de paille dans un grenier. Dans beaucoup de fermes, autrefois
les hommes et les femmes couchaient pêle-mêle sur la litière

de ces dortoirs communs ; mais aujourd'hui les mœurs se sont
adoucies et les convenances sont mieux respectées. Les gros
cultivateurs qui engagent pour la moisson les travailleurs des
deux sexes, les logent dans des locaux séparés. Tous y dorment du lourd sommeil de gens qui ont peiné pendant toute
une journée, et le lendemain, le dur travail de la *métive* recommence sous l'implacable soleil d'août.

Ce travail opiniâtre se poursuit jusqu'à ce que tous les
champs soient moissonnés. Alors on ramène les dernières
gerbes dans une charrette ornée de fleurs et de feuillages,
sur laquelle monte et chante toute la bande de moissonneurs. Dans les provinces de l'est, cela s'appelle *tuer le chien ;*
dans le centre et dans l'ouest, la cérémonie est plus solen-
nelle et se nomme la fête de la *gerbe* ou le *beurlot* des moissons.

Je me souviens d'une de ces fêtes à laquelle j'ai assisté dans
ma première jeunesse, au fond d'une campagne perdue à la
lisière du Berry et du Poitou. — Le ciel était d'un bleu pur ;
le soleil déclinant illuminait obliquement toute la vallée ; les
chaumes semblaient pétiller sous cette flambée de rayons ; l'air
avait ce tremblement particulier aux journées de grandes chaleurs. Dans cette éblouissante lumière, les paysans, les bras,
le cou, le poitrail nus, soulevaient à la pointe des fourches les
gerbes et les lançaient aux femmes juchées au sommet des
charrettes. Celles-ci, n'ayant pour vêtement qu'un jupon de
cotonnade et la chemise nouée au cou par une coulisse, se
détachaient, blanches sur le bleu du ciel et le roux doré des
gerbes. — En travers d'un pré, à l'abri d'un rideau de peu-

pliers, on dressait la table pour le souper que le propriétaire
du domaine offrait à ses métayers et à leurs moissonneurs.
Vers six heures, un joueur de vielle commença un air de bourrée, et les charrettes pleines, que traînaient les bœufs liés au
joug, se mirent en mouvement.

Elles descendirent vers la prairie au moment où le soleil,
déjà plus bas, commençait à projeter sur les prés les ombres
allongées de peupliers. A l'avant de la dernière voiture était
attachée la maîtresse gerbe, enrubannée, fleurie et terminée
par une croix d'épis de blé. Près des bœufs, à côté du conducteur, le *vielleux* faisait résonner sa manivelle ; tout l'*ordon* des
moissonneurs suivait à la file : les vieux métayers en tête ;
après eux, les *métiveurs* avec la faucille en sautoir et la veste
sur l'épaule, puis les ramasseurs et les lieuses de gerbes, marchant trois par trois ; le petit monde enfin, *drôles* et *drôlières*,
jambes nues et cheveux ébouriffés, lançant des regards de con-
voitise vers la grande table chargée de viandes froides et de
pâtisseries.

Quand les charrettes furent arrivées au seuil de la grange,
la vielle fit silence. Alors deux métayers, deux *anciens*, décro-
chèrent la gerbe enrubannée et la déposèrent solennellement
devant les propriétaires du domaine :

— Notre maître, notre maîtresse et la compagnie, dit le
plus vieux en se découvrant, voici la petite gerbe. Le bon Dieu
l'a donnée, nous l'avons moissonnée et nous vous la présen-
tons, pour que l'année durant elle porte bonheur et abondance
à votre maison.

On avait apporté une bouteille. Le vieux en emplit un

verre, le leva à hauteur de l'œil, puis en versa quelques
gouttes sur les épis, et saluant de nouveau :

— A vos santés, notre maître et notre maîtresse, et aussi
à la santé de la gerbe !

Et gravement, lentement, il vida son verre.

Il y avait quelque chose de touchant, je ne sais quoi de
simple et de grand comme une idylle antique, dans la consé-
cration de ce beau froment doré par le paysan qui l'avait
semé et moissonné à la sueur de son front ; dans cette liba-
tion faite en plein soleil, en l'honneur des fruits du rude travail
de l'année.

A la suite des moissonneurs, dans les champs dépouillés,
parmi les chaumes piquants comme des aiguilles, viennent les
glaneuses pareilles à de brunes et maigres sauterelles. Le
dos courbé, les yeux attentifs, elles ramassent dans leur tablier
les rares épis tombés des javelles et que le *lieur* a oublié de
serrer. C'est une tolérance partout accordée aux femmes les
plus pauvres des paroisses voisines ; une sorte de superstition
est attachée à cette pratique ancienne qui remonte aux temps
bibliques. Le propriétaire d'une pièce de blé croirait porter
malchance à sa moisson, s'il refusait l'accès du champ aux
glaneuses. Toutefois le glanage est soumis à des règles tacites,
que les permissionnaires sont tenus d'observer. Il ne peut
avoir lieu qu'en plein jour et pour ainsi dire sous l'œil du
maître. On veut ainsi prévenir les enlèvements de javelles qui
seraient faciles à tenter, si les glaneuses pouvaient errer à la
nuit dans les sillons encore couverts d'*andains*. Dès que le
crépuscule arrive, le garde champêtre, d'une voix forte, pro-

clame la cessation du glanage. Alors, dans la nuit éclairée par
la mince faucille de la lune nouvelle, lentement, les glaneuses
s'éloignent comme à regret, tandis que les charrettes chargées
de gerbes roulent lourdement vers la grange.

IV

LE PAIN

Quand le blé est scié et mis en gerbes, on l'engrange ou on le dispose en meules, le plus près possible des bâtiments d'exploitation. Dans un grand nombre de provinces, on préfère le système des meules, parce que le grain s'y conserve mieux et qu'en outre il est plus à l'abri de la dent des souris et des mulots. Ces rongeurs sont la plaie des granges ; aussi autrefois les paysans accusaient-ils les sorciers d'envoyer chez eux ces voleurs de grains, et avaient-ils tous un répertoire de formules superstitieuses pour chasser le

bande dévastatrice des souris et des mulots. Voici un de ces
exorcismes campagnards, usité dans les Ardennes : — il suffit
d'écrire sur de petits billets de papier neuf les mots suivants :
« Rats et rates, vous qui avez mangé le cœur de sainte Ger-
trude, je vous conjure en son nom de vous en aller dans la
plaine de... » On place ces billets dans les trous où passent les
rats, en ayant soin d'enduire de graisse le papier roulé en bou-
lettes. — En voici un autre plus malicieux, et renfermant une
pointe d'humour gauloise :

> Taupes et mulots,
> Sortez de l'enclos !
> Allez chez le curé ;
> Beurre et lait,
> Vous y trouverez
> Tout à pleinté [1].

Avec le système des meules, les méfaits des rongeurs sont
moins considérables ; ils ne s'attaquent qu'au premier lit de
gerbes, tandis que, dans les habitations, toutes les javelles qui
avoisinent les murs sont endommagées. En Normandie et en
Picardie, ces meules, qui ont la forme d'énormes soupières
ornées de leur couvercle, et qui sont éparses dans les champs
nus, donnent à la physionomie des plaines un accent tout particulier. Chez moi, en Lorraine, on ne connaît guère que l'en-
grangement. Sitôt la récolte enlevée, on l'entasse dans les
sinaux ; c'est le nom qu'on donne aux granges, et elle y attend
le moment du battage.

1. TARBÉ. — *Romancero de la Champagne.*

Cette opération a lieu ordinairement à l'arrière-saison,
quand le moment des échéances arrive et que le paysan a
besoin de monnayer son blé. Dans le Midi, on forme une aire
d'épis, sur lesquels marchent des mulets et des chevaux. L'épi,
foulé au pied des bêtes, s'égrène, et le grain est ensuite
ramassé et vanné sur l'aire. Dans l'Est, on bat encore en
grange à l'aide des fléaux. Sur les amas de gerbes, les bâtons
maniés par les hommes tombent en cadence, tandis qu'autour
des batteurs s'élève une épaisse poussière. En dépit de cette
poudre de débris de paille, qui prend à la gorge, les
ouvriers chantent parfois pour marquer la chute rythmée des
fléaux :

> Ho ! batteux, battons la gerbe,
> Compagnons, joyeusement.
> Dans la peine et dans l'ouvrage,
> Dans les divertissements,
> Je n'oublie jamais ma mie ;
> C'est ma pensée en tout temps.
> Ho ! batteux, battons la gerbe,
> Compagnons, joyeusement.

C'est un dur métier que ce battage à bras d'hommes ; les
paysans, dans leur langue énergique, l'ont surnommé la
machine à *fluxions de poitrine*. Aussi, dans beaucoup de campagnes, la batteuse mécanique, qu'on loue à la journée,
a-t-elle remplacé les fléaux. Son emploi tend à se généraliser,
et dans les paisibles après-midi de septembre ou d'octobre,
on entend de toutes parts le ronflement sourd de ces batteuses à la porte des granges. Le blé battu et vanné, on l'en-

sache, et le paysan porte ses sacs au marché, après avoir
réservé ce qui est nécessaire à sa consommation.

Et maintenant, au tour des moulins de besogner ! —
moulins à vent aux grandes ailes tournantes, sur les plateaux
éloignés des rivières ; — moulins à eau, dans les vallées plan-
tureusement arrosées. — Oh ! ces humbles moulins à eau,
perdus dans les plis des gorges boisées, et que remplacent
malheureusement presque partout les grands moulins de
commerce, comme ils sont délicieusement situés, et quel
charme intime ils donnent au paysage ! — Perchés à chevauchons sur le ruisseau, à cent pas des prés, ils élèvent leurs
bâtiments moussus à l'ombre des saules et des peupliers
blancs, qui élancent du sol spongieux et humide leurs fûts
svelte et minces, jusqu'à une grande hauteur. Les cimes
feuillus se rejoignent au-dessus de l'eau somnolente du bief,
où se reflètent nettement des enchevêtrements de branches et
des coins de ciel. Toutes ces feuillées tamisent mollement la
lumière ; la gamme des verts y est au complet : depuis le vert
cendré des saules jusqu'au vert sombre des aulnes. Et dans
cette solitude embaumée par l'odeur des menthes, égayée par
le vol des martins-pêcheurs et le sautillement des bergeron-
nettes-lavandières, le moulin au seuil enfariné murmure du
matin au soir son vivant tic tac :

> Longtemps troublée et confuse
>   Dans l'écluse,
> L'eau jaillit en écumant ;
> Libre, elle presse la roue
>   Et se joue
> En grappes de diamant.

L^e PAIN

Le meunier moud sa farine
            La plus fine
Et siffle comme un oiseau ;
Assise sur une pierre,
            La meunière
Jase en tournant son fuseau.

Quand il fait beau clair de lune,
            A la brume,
C'est de là qu'il fait beau voir
Les grands bœufs roux qu'on ramène
            De la plaine,
Descendre vers l'abreuvoir.

Le vent sèche les feuillées
            Qu'a mouillées
La roue en ses mille tours,
Et dans le ciel bleu sans voiles
            Les étoiles
Recommencent leurs amours...

Quand le meunier a accompli son œuvre et que la farine
tamisée par le blutoir gonfle les sacs de toile blanchâtre, le
boulanger entre en scène, et alors commence le travail de la
panification.

Lorsqu'on lave une boule de pâte de froment sous un filet
d'eau, en la maniant continuellement, l'eau entraîne peu à
peu l'amidon et les substances solubles, et il reste une masse
grisâtre, extrêmement élastique quand elle est humide ; c'est
le gluten. Cette substance, répartie dans la farine, s'imbibe
d'eau et donne à la pâte de froment l'élasticité qui la caractérise ; c'est elle également qui retient les gaz que produit la

fermentation. Si, en effet, on abandonne la pâte dans un
milieu chauffé à 20 ou 25 degrés, on s'aperçoit bientôt que
cette pâte éprouve une altération ; il s'y développe une odeur
alcoolique et acide ; la masse se ramollit et se gonfle plus ou
moins. C'est le moment où, délayée dans l'eau et mélangée à
de la farine, cette pâte acide, qu'on appelle le *levain*, commu-
nique sa fermentation à toute la masse et devient susceptible
de produire le pain, lorsqu'on la porte au four. Tels sont les
principes de la panification.

Dès la veille, le boulanger prépare ses levains, en les
immergeant d'une certaine quantité d'eau et en y ajoutant
ensuite de la farine, de façon à former une boule de pâte.
Puis le matin, dès l'aube, il reprend cette pâte qu'on appelle
le *premier levain*, recommence une seconde opération semblable à la première, et ainsi de suite, jusqu'à ce que le tout
soit à point. Alors il y ajoute du sel et travaille de nouveau le
bloc de pâte, en déchirant la matière avec les mains, en la
soulevant et en la rejetant vivement dans le pétrin à plusieurs
reprises. C'est le *pétrissage* : opération pénible, qui ne s'en va
pas sans cris et sans fatigue. Ce sont ces gémissements que
pousse le mitron, nu jusqu'à la ceinture, qui lui ont valu
son surnom de *geindre*. Quand la pâte est parfaite, on divise
la masse en *pâtons*, auxquels l'ouvrier donne la forme convenable en les roulant sur le couvercle du pétrin sau-
poudré de farine. Puis il jette chaque *pâton* dans une ban-
nette d'osier, qu'il range au pied du four. La pâte, dont la
surface est jaunie à l'œuf, se gonfle pendant ce temps ; on
dit alors qu'elle est *sur couche*. Une fois le four chauffé

convenablement, le geindre y enfourne les pâtons, sur une pelle en bois *fleurie* avec un peu de son. Sitôt les pains au four, on ferme l'ouverture, et on attend que la cuisson se fasse...

Je me souviens, comme si c'était hier, d'une de ces boulangeries de ma ville natale, située au bas de la côte du collège, où j'allais en hiver me chauffer et relire mes leçons, en attendant l'heure d'entrer en classe. — Le four flambait. Le pétrin était débarrassé de sa pâte, les pains saupoudrés de farine reposaient chacun dans sa corbeille ronde, et le boulanger, vêtu d'une longue camisole de molleton, enfournait les miches sur la large pelle de hêtre. A l'entrée du four, étaient allumées des bûchettes de bouleau qui brûlaient clair, jetant une lumière blanche et dansante dans la profondeur voûtée, où l'on voyait se boursoufler les pains ronds symétriquement alignés. Cette joyeuse illumination éclairait le plafond, où des pelles et des fourgons étaient suspendus horizontalement, et promenait sur les murailles enfarinées la bizarre silhouette du boulanger, occupé à frotter ses bras nus pour en détacher les grumeaux de pâte qui s'y étaient fixés. — Au bout d'un certain temps, on ouvrait la bouche du four et on retirait vivement les miches croustillantes qui exhalaient une bonne odeur de pain chaud... Et alors, c'était une joie et un délice de mordre dans les petits pains encore bouillants !

Dans les campagnes, dans les fermes surtout, on ne va guère au boulanger. C'est la femme du logis qui fait le pain elle-même. Elle le cuit le plus souvent chez elle, car dans les ménages aisés, il est rare qu'un fournil ne soit pas attenant à la maison. Toutefois, dans certains villages, il existe encore un four banal qu'on chauffe une fois la semaine et où les ménagères enfournent elles-mêmes leur pain à tour de rôle. C'est alors un spectacle intéressant que de voir toutes ces femmes, assises sous la voûte cintrée du four bâti au centre de la commune et attendant qu'il soit chauffé à point. De temps en temps, la bouche du four s'entr'ouvre, et une rouge lueur de braise illumine les figures jeunes ou vieilles des paysannes qui jasent paisible-ment, un bras passé autour de la corbeille où la pâte se gonfle.

La ménagère cuit pour huit et même quinze jours de larges et épaisses miches, qu'on met en réserve sur les clayons sus-pendus aux poutres, et qu'on ménage parcimonieusement. — Du reste, le paysan, qui sait le mal qu'on a à faire pousser le blé, a pour le pain un pieux respect. Perdre un morceau de pain en le jetant à la rue est regardé comme un sacri-lège. Il faut voir la ménagère entamer la miche ! Elle pro-cède à cette opération comme à une cérémonie religieuse. D'abord, elle ne manque jamais de faire avec son couteau un signe de croix sur la croûte du dessous ; elle est per-suadée que la maison où l'on oublie cette formalité est menacée d'un malheur prochain. Puis elle coupe chaque tranche avec une grave lenteur, et ramasse soigneusement les miettes éparses sur la table. — Cette façon presque solen-nelle d'entamer la miche m'a toujours frappé dans mon enfance et m'a imprimé dans l'esprit un profond respect pour cette nourriture indispensable à la plus large part de l'humanité, pour ce pain qui coûte tant de fatigues, et dont, à l'heure qu'il est, tant de misérables encore ne peuvent manger leur soûl.

LA VIGNE

LA VIGNE

Lorsque, les coudes sur la nappe,
Je bois le vin fils de la grappe,
C'est toujours vous que je revois,
O vignes des côtes natales,
Dont les ceps en lignes égales
Montent des prés jusques aux bois.

Dans les brunes terres d'argile
Où l'hyacinthe de Virgile
Répand son parfum doux et fort,
Le plant noueux à branche torse,
Avec sa rude et noire écorce,
Au mois de mars a l'air d'un mort.

Mais en avril la sève affleure
Aux bourgeons du sarment qui pleure ;
La feuille en mai pousse à foison ;
Une odeur de vigne fleurie,
Dans les nuits de juin, se marie
Aux senteurs de la fenaison.

Déjà le maillet qui travaille
Les flancs ventrus de la futaille
Résonne dans les vendangeoirs...
Le grain vert se gonfle, et septembre
Voit les raisins blonds comme l'ambre
Mûrir auprès des raisins noirs.

O vendanges !... Sur les collines,
Les voix mâles ou féminines
Roulent de ravin en ravin

De la cuve qui bout et fume
Et du pressoir rouge d'écume
Jaillit, comme un ruisseau, le vin.

Salut, vin léger de nos côtes !...
Il suffit que chez de vieux hôtes
Je boive un trait de ta liqueur,
Pour que le temps passé renaisse...
Tout ressuscite, et ma jeunesse,
Joyeuse, me remonte au cœur.

I

LA VIGNE AU PRINTEMPS

Mars tire à sa fin. Les giboulées ont fondu les dernières neiges, le vent de galerne a séché les fossés, et dans les vergers, aux lisières des bois, le merle siffle à plein gosier pour annoncer la venue du printemps. Il est arrivé, en effet, officiellement ; mais sa présence ne se manifeste guère encore que par un rougissement plus vif de l'oseraie et, çà et là, par l'épanouissement des chatons des noisetiers et des saules. Les buissons de l'épine noire n'ont pas encore de feuilles ;

pourtant, après deux ou trois journées de soleil, ils deviennent
tout neigeux de fleurs blanches. En dessous, l'herbe pousse
verte et drue, et, à chaque pas, des oiseaux, en train de bâtir
leur nid, s'envolent de la haie et filent presque à ras de terre.
Les friches ont conservé leur teinte grise, mais on y voit
déjà s'ouvrir les corolles verdâtres de l'ellébore et les magni-
fiques fleurs violettes de l'anémone pulsatile.

Sur les coteaux de vigne à la terre argileuse d'un jaune
rougeâtre, on n'aperçoit pas encore le moindre soupçon de
verdure : rien que l'argile couleur d'ocre et les ceps noueux
d'un ton noir. Seulement, de loin en loin, un pêcher en plein
vent dresse sa ramure poudrée d'un rose vif; puis, en y regardant de plus près, on distingue à deux pouces du sol une
petite plante de la famille des liliacées, à la hampe minuscule
terminée par un thyrse de fleurettes d'un bleu violet. C'est
l'hyacinthe ou muscari à grappe, qu'on nomme aussi l'*ail des
chiens*. Cette plante abonde dans nos vignes, et je ne puis
penser à sa douce odeur de prune sans revoir en esprit nos
coteaux rougeâtres aux ceps tordus, et les premières journées
de printemps. Le parfum de cette humble fleur évoque devant
mes yeux le paysage vignoble de ma province. Un modeste et
calme paysage : — en bas la rivière au lit pierreux, aux eaux
peu profondes roulant entre deux frissonnantes rangées de
peupliers d'Italie ; — puis, par delà les prés, au midi et au
levant, des collines rondes toutes recouvertes de vignes aux
ceps courts et feuillus. Du printemps à l'automne, les vignobles
en pente regardent la ville étagée au nord, profilant sur
d'autres vignes plus lointaines son couvent, ses clochers et **sa**

tour de l'Horloge, et, de mai à octobre, ces collines vineuses réjouissent l'œil des citadins, avec leurs pampres qui verdoient en juin et s'empourprent en septembre.

L'éclosion de l'hyacinthe à grappe est comme le signal de la reprise des travaux pour les vignerons. On taille la vigne et on la *chave*; deux opérations qui amènent le long des coteaux tout un peuple d'ouvriers penchés vers les ceps.

Au moment où la sève commence à travailler le sarment, la taille de la vigne a pour objet la multiplication et le perfectionnement des fruits. Elle est plus simple que celle des autres arbres, parce que les raisins ne venant que sur les bourgeons de l'année, il suffit, pour bien opérer, de se rappeler que les bourgeons inférieurs sont ceux qui fructifient davantage. La règle générale est de conserver un ou deux yeux sur les pousses de l'année précédente. La sève monte avec force; elle arrive à l'extrémité du sarment taillé, et, dans l'impétuosité de sa montée, elle s'extravase d'abord en gouttes limpides. On dit alors que « la vigne pleure » et l'on prétend que cette eau des larmes de la vigne est souveraine pour les maux d'yeux. Mais ce n'est, pour ainsi dire, que le trop-plein de la sève qui se suspend en gouttelettes à l'extrémité des sarments : le meilleur de ce suc nourricier alimente et gonfle le bourgeon laineux qui se fend et laisse entrevoir les rudiments des feuilles blondes, tendres et cotonneuses. Vienne le soleil et tout va verdir.

Malheureusement, pendant cette saison de l'adolescence, la vigne a deux ennemis impitoyables : les pluies d'avril et les gelées blanches. — La pluie trop abondante amène un déve-

loppement excessif des bourgeons et des feuilles, aux dépens
des fruits ; la gelée blanche a des conséquences plus désas-
treuses encore.

Au commencement du printemps, par des nuits sereines,
et bien que la température de l'air soit au-dessus de zéro, il
arrive qu'au matin la surface du sol se couvre d'une couche de
petits glaçons très rapprochés les uns des autres. Cela ressemble à une sorte de givre, ou plutôt c'est tout simplement
de la rosée qui s'est formée par suite d'un refroidissement
des plus basses couches atmosphériques, et qu'une rapide
vaporisation à ciel découvert a brusquement congelée. —
Les tendres bourgeons de la vigne, souvent humides encore
de l'averse de la veille, souffrent plus particulièrement de
cette soudaine congélation ; la glace occupant plus de surface
que l'eau, l'organisme de la plante se trouve détruit par la
formation de ces minces glaçons interposés dans les tissus.
Puis, le soleil qui se lève, survenant à la suite de cette gelée
blanche, grille cruellement les jeunes pousses et achève le
désastre.

Il faut voir l'aspect lamentable du vignoble après une de
ces cruelles nuits ! Les bourgeons, hier gonflés et vermeils
encore, ont été brûlés et comme roussis ; ils s'émiettent
comme une poussière sous les doigts. Il faut entendre alors
les cris de désolation des vignerons, dont la future récolte
se trouve gravement compromise en une seule nuit. Dans
les pays de vignes, l'événement prend les proportions d'un
deuil général. Souvent même on exagère encore le désastre,
et bien qu'on ait eu plus de peur que de mal, les malins

crient très haut, dans l'espoir insidieux de faire hausser le prix du vin.

C'est surtout de la Saint-Georges à la Saint-Urbain, pendant la période redoutée des *Saints de glace*, que la gelée des vignes est à craindre. « Il n'est, dit le proverbe, si joli mois d'avril qui n'ait son chapeau de grésil » ; les nuits de mai sont plus périlleuses encore. Dans nos contrées de l'Est surtout, ce mois, tant chanté par les poètes, est déplorablement variable et capricieux. Après une chaude journée, un orage éclate, des ondées tombent abondamment, puis pendant la nuit le ciel s'éclaircit ; un refroidissement subit suit ces pluies d'orage et, dans ce ciel étoilé, sans un nuage, le rayonnement nocturne amène la formation de la gelée blanche fatale aux vignobles.

Pour atténuer ces pernicieuses influences des nuits trop claires, les vignerons ont imaginé ce qu'on appelle les *nuages artificiels*. Les propriétaires de toute une contrée se réunissent en syndicat, et, le soir, établissent autour des vignes des feux de branches vertes, disposés de façon que le vent rabatte la fumée sur les vignobles. Pendant toute la nuit, ces feux, soigneusement entretenus, interposent d'épais rideaux mobiles entre le ciel et les tendres folioles des bourgeons. Ils arrêtent l'expansion du rayonnement nocturne, et, au matin, ils interceptent les rayons du soleil levant, plus meurtriers encore pour la vigne que le froid de la nuit. Partout où ils peuvent être produits, ces *nuages artificiels* rendent les plus grands services. Non seulement ils protègent le vignoble autour duquel les feux ont été établis, mais souvent même, poussés par le vent, ils planent lentement sur toute la vallée dont ils suivent les détours et vont ainsi étendre leur bénigne influence sur des vignobles lointains, auxquels cette protection inespérée arrive providentiellement. Les propriétaires de ces derniers, qui s'étaient couchés en rêvant d'un désastre, sont tout étonnés, au réveil, de voir leurs ceps préservés. Tandis qu'ils dormaient, le miracle s'est opéré.

Enfin la saison devient plus clémente ; l'air se réchauffe ; les refroidissements des nuits ne sont plus à craindre, et, avec la Pentecôte, la vigne peut verdoyer en sécurité. Les bourgeons portent à la fois les feuilles et les fruits ; ils sont stériles ou féconds, selon qu'ils présentent une forme pointue ou arrondie. Une fois épanouis, ils laissent voir aux nœuds des jeunes pampres, des rudiments de feuille, des grappes en bouton et des vrilles aux élégantes crosses vertes. La feuille est très décorative, découpée en cinq lobes, où courent de fines nervures ; lisse en dessus, elle prend en dessous une teinte blanchâtre que la maturité doit rougir plus tard. A la mi-juin, le vignoble entier est couvert de cette abondante feuillaison d'un vert phosphorescent, et sur le ciel bleu, rien n'est harmonieux comme ces collines toutes vertes, qui se déroulent mollement, tandis que du sol pierreux montent, dans la chaleur, les stridentes chansons des sauterelles aux ailes rouges.

Dans la tiédeur et la clarté, les petites grappes en boutons s'ouvrent doucement et la fleur des vignes s'épanouit : une humble fleur, modeste comme celle du blé, laissant distinguer à peine ses cinq pétales d'un vert pâle, et ses cinq mignonnes

LA TAILLE DES VIGNES

étamines blondes. Mais, si la fleur passe inaperçue, quel délicieux parfum elle répand !

Pendant les nuits de juin, aux environs de la Saint-Jean,
c'est un charme que d'errer à travers nos collines, alors que la
grappe a déclos ses corolles verdâtres. Une virginale odeur se
répand dans toute la vallée. Ce n'est pas le parfum capiteux du
vin, mais c'en est déjà l'avant-coureur; dans l'exquise et pure
haleine de la vigne en fleur, on devine toutes les ivresses qui
sortiront de la grappe mûre et fermentée. Ainsi les idéales
rêveries de l'adolescence font pressentir les enthousiasmes
effervescents de la jeunesse en pleine maturité. — Cette odeur
vous grise doucement, chastement, mais elle vous grise. Quand
elle se répand dans la vallée et arrive jusque dans la ville, les
jeunes gens accoudés à leur fenêtre se mettent à rêver; les
jeunes filles se sentent prises d'une langueur indéfinissable, et
les vieillards resongent, avec un soupir de regret, à leur jeunesse passée. On dit même qu'au fond des caves, dans les barriques où il est enfermé, le vin des années précédentes subit
l'influence de cette odeur qui s'exhale du vignoble, et qu'il
fermente et bouillonne à faire craquer les cercles des tonneaux.

Comme cette senteur des vignes fleuries s'exhalait tendre-
ment sur ces coteaux de Touraine où j'allais la respirer jadis
au lever de la lune !...

> C'était une vallée entre Saint-Cyr et Luynes,
> Dont la vigne à foison couvrait les deux versants ;
> La tiède nuit de juin glissait sur les collines,
> Et dans les chemins creux brillaient des vers luisants.

Lorsque pour une fête, au soir, la bien-aimée
Lisse ses cheveux bruns, une fraîche senteur
Imprègne sa poitrine et sa tête embaumée :
— Ainsi tu parfumais la nuit, ô vigne en fleur !...

La lune se leva comme une jeune reine,
Et les prés assoupis et les grands pampres verts
S'argentèrent soudain à sa splendeur sereine ;
On entendit des pas sous les chemins couverts.

Une enfant de vingt ans, dans le sentier des vignes,
Cherchant quelqu'un des yeux, s'avança lentement.
Je voyais son profil aux délicates lignes,
Que la lune éclairait d'un doux rayon dormant.

Très noirs sur la blancheur de son jeune visage,
Ses yeux chercheurs brillaient, inquiets et troublés ;
Mais un garçon sortit d'un néflier sauvage,
Et le couple rêveur descendit vers les blés...

O vigne, aux jours d'été, quand tes grappes fleurissent,
Le vieux vin des celliers fermente et reverdit ;
Quand monte leur odeur, dans les cœurs qui languissent,
L'amour aussi, l'amour se réveille et bondit.

Cette odeur de la jeune grappe aux boutons fraîchement
éclos et cette autre pénétrante senteur de l'hyacinthe des
vignes pendant la semaine de Pâques se confondent dans ma
mémoire comme deux sensations sœurs : l'une plus innocente,
plus enfantine, délicate comme la première verdure du printemps ; l'autre, plus vive, plus brûlante, apportant avec elle
les ardeurs de l'été et l'éveil de la vingtième année... Hélas ! et
toutes deux ne sont déjà plus que des souvenirs lointains !...

N'importe, je suis comme le vieux vin enfermé dans les futailles, et quand ces odeurs me reviennent, évoquées par les premières feuilles des saules et les premières floraisons, je ne puis m'empêcher de tressaillir. Comme le poète de Gœthe, je crie au printemps : « Rends-moi ma jeunesse, rends-moi le temps où je n'étais qu'un écolier et où je foulais d'un pied léger et content la terre rougeâtre de nos vignes toutes fleuries d'hyacinthes bleues, toutes gonflées de bourgeons naissants ! »

II

LE TONNELIER

Quand les soleils de juillet et d'août ont fait grossir le raisin vert dans la vigne ; quand, aux premiers jours de septembre, les grains, selon l'expression des vignerons, commencent à *méler*, c'est-à-dire à se teinter de rouge et de noir, les propriétaires des vignobles commencent aussi à se préoccuper de la récolte. On passe en revue les futailles vides, on les nettoie, on les remet en état, et si la vendange promet d'être abondante on se met en mesure de s'approvisionner de tonneaux. Les ate-

liers de tonnellerie sont en pleine effervescence. De tous
côtés, pendant ces tièdes journées de septembre, on entend
le bruit du maillet sur les douves, accompagné du cliquetis
caractéristique des chaînes dont on se sert pour rincer les
futailles. Ce gai tapage, qui monte dès le matin dans l'air
sonore et qui emplit d'une animation passagère les quartiers
voisins des pressoirs, est comme l'avant-coureur des joies et
des tumultes de la vendange. Je ne l'entends jamais sans que
le poétique refrain d'une chanson de Pierre Dupont me revienne
aux lèvres :

> Pan, pan, pan, pan ! Maillet sonore,
> Presse les cercles du tonneau,
> Pour enfermer le vin nouveau,
>   Fils de l'aurore !

Le tonnelier, à ce moment de l'année, est le maître de la
situation ; il fait la loi dans les vignobles ; les vignerons sont
obligés d'en passer par où il veut et d'accepter les prix qu'il
leur impose. Son atelier, dont les larges baies s'ouvrent sur la
rue, ne chôme pas un instant, de l'aube au soir :

> A l'abri d'un hangar, vieux fûts, neuves barriques,
> Cuves au large ventre et douves de tonneaux
> Où doivent fermenter les raisins des coteaux,
> Reposent entassés sur le pavé de briques,
> Tandis qu'après un coup, bu pour se mettre en train,
> Ouvriers et patrons mesurent le merrain
> Et chantent un refrain gaillard, qu'égaie encore
> Du maillet travailleur le bruit leste et sonore...

Généralement, le maître tonnelier n'engendre pas la

mélancolie. Son métier bruyant a trop de relations avec les
celliers où vieillit le bon vin, pour qu'il n'ait pas un faible
pour la purée septembrale. D'ailleurs, à son industrie principale il joint, aux époques de morte-saison, d'autres industries
accessoires et subséquentes qui l'inclinent doucement à la
sensualité et à la gaillardise. Il soigne le vin de ses pratiques,
il le met en bouteilles ; il est de plus gourmet-dégustateur. Il
acquiert même dans cette branche spéciale des connaissances
d'artiste très précieuses. Son goût s'affine et devient d'une sensibilité rare. Il lui suffit de verser quelques gouttes de piot
dans sa tasse d'argent et de les humer en faisant claquer sa
langue, pour dire non seulement le cru, mais l'âge du vin. On
connaît l'histoire de ces deux tonneliers-gourmets appelés à
donner leur avis sur un vin de propriétaire. Le premier dit
après avoir dégusté : — « Ce vin est bon, mais il sent le cuir. »
Le second le goûta à son tour et reprit : « Je ne partage pas
l'avis de mon collègue ; ce vin est bon, mais il sent le fer. »
— Grand étonnement du propriétaire, qui jurait que son vin
n'avait jamais été en contact ni avec du cuir ni avec du fer.
Pourtant, quand on eut vidé la futaille, on trouva, tout au
fond, une petite clef à laquelle était nouée un bout de cuir, et
qui était tombée par mégarde dans le fût. Et ainsi fut démontrée
la science subtile des deux dégustateurs.

Le tonnelier est un artiste dans son genre, car, pour qu'un
fût destiné à contenir un liquide aussi délicat et aussi altérable
que le vin, réponde parfaitement à cette destination, il faut
non seulement qu'il soit fabriqué par un maître ouvrier, mais,
en outre, le choix des matériaux et la mise en œuvre exigent

des connaissances spéciales, du flair et un habile tour de
main.

Les futailles ou tonneaux sont composés de plusieurs
planches ou *douves* réunies par des liens à côté les unes des
autres et présentant dans leur ensemble une sorte de cylindre
court et creux, renflé dans son milieu, tronqué et fermé aux
deux extrémités. La partie qui, dans la coupe du tonneau,
offre le plus grand diamètre, se nomme le *ventre* ou le *bouge*.
On donne le nom de *merrain* à l'espèce de bois employée à
faire les douves ; le merrain des fonds porte plus particulièrement le nom de *traversin*. — Le *merrain* et le *traversin* sont
pris dans les bois de quartier dont on a enlevé l'aubier ; ils
doivent être de bonne fente, secs, sans nœuds ni défauts. On
n'emploie guère pour cette fabrication que le bois de chêne,
parce que la destination même du tonneau exige, pour les
éléments qui le composent, un bois d'un grain serré et qui ne
pourrisse pas facilement. Le meilleur merrain est celui qu'on
tire du cœur des arbres sains et choisis parmi les plus gros.
On peut aussi employer le châtaignier ou le hêtre, mais il faut
rejeter les bois tendres, *bois blancs*, qui occasionneraient du
coulage, et les bois qui, par leur nature, pourraient communiquer au vin une odeur étrangère. Les tonneaux fabriqués
avec le cœur du hêtre ont, dit-on, l'avantage de conserver
plus longtemps les vins délicats et faibles. Mais, lorsqu'on se
sert de cette essence, il faut avoir la précaution de prendre le
merrain dans les hêtres crûs sur taillis ou isolés. Les arbres
des futaies pleines ont le bois trop tendre. En outre, il est
important d'employer les douves de hêtre avant que le ver ait

eu le temps de les piquer. — Néanmoins, si bien choisi que
soit le hêtre, il est inférieur au chêne. Le vin perd beaucoup
moins en quantité et en bouquet dans les tonneaux faits de
douves de chêne, dont les fibres liées et compactes se laissent
difficilement traverser par le liquide.

Quand les douves sont toutes préparées et qu'il ne reste
plus qu'à mettre les cerceaux, elles forment ce qu'on appelle
un tonneau en *botte ;* une fois maintenues par un cercle de fer
à l'extrémité supérieure et dès que cette partie du tonneau a
déjà pris sa forme cylindrique, on allume en dessous un feu
de copeaux destiné à faciliter le cintrage des douves ; puis,
lorsque la courbure de la futaille est à point, on établit les
fonds et les barres, et on réunit les deux extrémités à l'aide
des cercles de bois, enfoncés à coups de maillet.

La confection de ces cercles constitue une opération particulière et préliminaire. Les cerceaux sont fabriqués par des
ouvriers spéciaux qu'on nomme *cercliers*, et dont les chantiers,
comme ceux des sabotiers, sont établis en forêt la plupart du
temps. L'industrie du cercle existe dans toutes les forêts qui
avoisinent les pays vignobles. Aux environs de Paris, de Fon-
tainebleau, dans la Touraine et le Périgord, on fabrique surtout
le cercle de châtaignier. La forêt d'Orléans fournit une grande
quantité de cerceaux de bouleau ; en Lorraine, en Champagne
et en Bourgogne, où le châtaignier ne pousse pas, on emploie
principalement des cercles de noisetier et de saule marceau ;
mais, comme ils sont inférieurs en qualité, on intercale entre
eux, dans la reliure des tonneaux, un certain nombre de cerceaux de chêne. Les meilleurs cercles, en effet, sont ceux

qu'on fabrique avec des brins de chêne bien droits, ayant de
quinze à dix-huit ans ; toutefois, ces brins ne se trouvant
que dans des fonds excellents, le cercle de chêne est rare et
cher.

L'art du cerclier est très simple ; néanmoins il exige de
l'intelligence et de l'habileté pour être exercé avec avantage.
Un bon ouvrier peut faire en moyenne, lorsqu'il travaille le
châtaignier, trois cents cercles par jour, en leur donnant toute
la force et l'égalité convenables.

L'atelier, construit en plein air, est très peu compliqué.
Quatre ou six fourches, plantées en terre, soutiennent quatre
perches assez grosses, sur lesquelles on entre-croise des perches
plus menues, en guise de chevrons ; sur ces dernières, on dispose une toiture d'écorce et de copeaux. Le tout forme un
auvent de quatre mètres carrés, ayant trois mètres de hauteur, sous lequel les ouvriers sont à l'abri du soleil et à peu
près garantis contre la pluie. Comme le bois se fend et se
coupe mieux quand il est vert, c'est presque exclusivement à
l'époque des coupes, et surtout au printemps, qu'on façonne
les cercles. Tandis que les cercliers travaillent, la forêt verdoie
et fleurit tout à l'entour ; la besogne se fait gaîment, non loin
des clairières ensoleillées, tandis que les fauvettes et les merles
chantent à plein gosier le printemps revenu.

Une fois le brin coupé à hauteur convenable, on l'écorce
afin d'écarter le plus possible les chances de piqûre, le ver
s'attaquant de préférence à l'écorce. Pour la même raison, on
supprime l'aubier à l'aide de la *plane*. Dans la saison où la
sève monte, cette décortication est chose facile : l'écorce

LE TONNELIER

humide et souple s'en va comme une verte tunique qu'on enlève, et le bois blanc et lisse reste à nu. Alors on refend le brin dans sa longueur, afin d'obtenir le cercle à la fois flexible et résistant, auquel on donne la courbure voulue en l'engageant dans la rainure du *billard*. Dès que le cerceau est façonné et relié avec de l'osier, le cerclier l'introduit dans le *parquet* destiné à recevoir les rangées successives. Ce *parquet* s'établit en posant à terre un cercle déjà préparé et en enfonçant tout autour des piquets formant une enceinte, dont le diamètre est un peu plus long que celui des cerceaux qu'on veut y empiler.

Lorsque le tonneau, muni de ses fonds et de ses barres est *monté* et cerclé, on pratique sur la partie renflée, dite la *bouge*, une ouverture à égale distance des extrémités ; c'est le *trou du bondon*.

Et maintenant la voilà parfaite, la belle futaille de chêne, cerclée de châtaignier où l'osier neuf met ses couleurs orangées ! Sous le dernier coup de maillet sa profondeur sonore résonne d'une façon mélodieuse ; ses flancs vides et rebondis sont prêts pour les récoltes de l'avenir. Quels crus va-t-elle enfermer dans sa rondeur ventrue ? Quels vins blancs ou rouges, pétillants ou généreux, vont couler avec un bruit sourd par l'ouverture étroite de la bonde ?... Pleine de la liqueur qui « réjouit le cœur de l'homme », elle dormira sous les voûtes fraîches du cellier, dans les vastes chaix du grand propriétaire, dans l'étroit caveau du vigneron, jusqu'au jour où elle partira pour quelque long voyage. Bercée sur la charrette d'un roulier, emportée sur les rails d'un chemin de fer, ou roulée dans la cale d'un navire, elle s'en ira par le monde et, en quelque lieu qu'elle aille, elle sera acccueillie avec joie. Pourvu que, pendant le trajet, elle échappe aux heurts trop brusques, aux jaugeages perfides des agents de l'octroi, aux mouillages équivoques des fabricants de vin et qu'elle arrive avec sa valeur naturelle, saine et entière, à destination !

Où qu'elle s'arrête, si elle y parvient intacte, elle mettra les cœurs en liesse ; on la transportera doucement dans le cellier ; on la laissera sagement se reposer, sur les *chantiers*, des fatigues de son long voyage. Puis, soigneusement, on la soulèvera, on transvasera délicatement son contenu dans de bonnes bouteilles bien cachetées à la cire, et, de temps en temps, là-haut, autour de la table à nappe blanche, on en débouchera une, pour fêter quelque bonne nouvelle ou pour réjouir quelques vieux amis. Et, lentement, la tonne redeviendra vide et sonnera le creux...

Avez-vous remarqué qu'il n'y a rien de plus mélancolique qu'une futaille vide ?... J'entends une futaille qui a été pleine et dont les flancs sont taris. — Une futaille neuve et vierge, c'est l'avenir avec toutes ses promesses ! mais un fût vide, dont le ventre sonore résonne tristement et dont les douves exhalent une âcre odeur de lie, ne présente plus aux yeux que l'image navrante d'un passé heureux à jamais évanoui.

On raconte qu'un jour le poète Gustave Mathieu, grand ami des bons crus, voyant passer sur le boulevard un haquet chargé de vieux tonneaux vides, se mit à la queue du charroi, et sur la chaussée, chapeau bas, suivit lentement les futailles défuntes, avec autant de componction que s'il eût suivi un enterrement.

Et il avait raison, le poète ! Le convoi qui passait là emportait autant de corps inanimés où la vie avait circulé, où une sève jeune et joyeuse avait fermenté. Combien d'allégresses enfuies, de verve tumultueuse, d'enthousiasmes évaporés, avaient contenu ces tonneaux vides ? C'était tout une source de gaîté et de réconfort à jamais tarie, dont il menait pieusement le deuil à travers la ville oublieuse et indifférente !

III

LA VENDANGE

La population entière, hommes et femmes, est aux vignes depuis le matin
jusqu'à la nuit. Le dieu des vignerons
leur dispense des journées splendides
et des nuits radieuses. On voudrait
embrasser du regard, à la fois,
tous les coteaux, tous les vallons.
Vaux-de-Naives là-bas bourdonne
au-dessus des prés de Parlemaille, et un grand bois fait silence
entre celui de Fains et celui de Bussy. Le soleil luit partout.

De légers brouillards, au matin, voguent dans le ciel comme
des messagers aériens chargés de distribuer la chaleur, la
lumière et les brises rafraîchissantes. La Vierge défait sa quenouille et éparpille ses fils argentés sur les prés, où paissent
doucement des troupeaux de vaches brunes. L'air est d'une
sonorité de cristal. On entend les gens se héler d'un côté à
l'autre. Les rires et les grosses plaisanteries éclatent derrière
chaque cep aux feuilles rougissantes. Les vignobles flambent
au soleil, tandis qu'une brume transparente veloute les sillons
humides des terres labourées.

Quelles délices pour le petit monde des enfants de s'éveiller
dès l'aube, de se vêtir à la hâte et de partir avec le gros des
vendangeurs et des vendangeuses ! Ces dernières ont été
louées à la semaine pour la circonstance. Elles arrivent, en
bandes, des villages voisins, vêtues de cotillons courts d'indienne, la camisole flottante, la tête coiffée du bagnolet.
Chacune porte avec elle la *charpagne* d'osier, destinée à
recevoir les raisins au fur et à mesure que la serpe les déta-
chera du cep. Pendant huit ou quinze jours elles seront
logées et nourries par le propriétaire et elles gagneront en
outre vingt ou trente sous. C'est un maigre salaire, car
malgré ses apparences joyeuses et faciles, la besogne de la
vendange est plus dure qu'on ne s'imagine. Il faut de l'aube
au soir rester le dos courbé sous le soleil ou sous la
pluie ; mais le travail se fait en commun, le maniement de
la serpe est plus commode que celui du hoyau ou de la faucille, et, en somme, quand il fait beau temps, les journées
de vendanges sont regardées par beaucoup de paysannes

comme une halte agréable au milieu des rudes labeurs rustiques.

On part, les pieds dans la rosée, précédés du *bellonnier* qui charroie les raisins de la vigne au vendangeoir dans une sorte de vaste cuvier, nommé le *bellon* dans la Meuse, et que des chaînes de fer fixent aux ridelles de la charrette. Les vendangeuses, encore à demi ensommeillées, la charpagne sous le bras, cheminent vers la vigne, escortées par le maître et les porteurs de hottes. Pour les réveiller, un des hommes entonne un couplet de la chanson des vendanges, et bientôt toutes répètent en chœur le refrain très réaliste de ce chant, né dans un pays plus gouailleur que poétique :

> Aller en vendange,
> Pour gagner dix sous,
> Coucher sur la paille
> Ramasser des poux, etc.

Dès qu'on est arrivé dans la contrée à vendanger, chacun se met vite en besogne, les heures fraîches du matin étant celles où le travail est le moins pénible. Les vendangeuses alignées montent droit devant elles, en dépouillant chaque cep de ses raisins qu'elles entassent dans la charpagne ; quand celle-ci est pleine, on va la verser dans les hottes placées de distance en distance et arc-boutées par des échalas. Dès qu'une hotte est remplie à son tour, le *hotteux* la charge sur ses épaules, et descend vers le *bellon* qui stationne au bas de la vigne, pour recevoir le contenu des hottées. Vers midi, aux flancs de tous les coteaux vignobles, la vendange est en pleine

18

activité et offre à l'œil des tableaux qui font songer à Rubens.

Ici, les charrettes sont rangées sous un abri de branches vertes. Les jougs, les colliers rembourrés de laine bleue pendent aux arbres ; les chevaux placés à l'ombre, sous les chênes, ruminent ou s'ébrouent en regardant à travers la feuillée leurs maîtres affairés. Un essaim de mouches tourbillonne autour des coupes brunes. — Là, des jeunes filles sont assises sur les brancards d'une charrette et, à cinq pas d'elles, se tient debout un groupe de garçons. Les demandes, les reparties salées se croisent mêlées aux rires ronds et sains du paysan. Un gars en pantalon de coutil est dressé sur l'échelle appuyée à une charrette et, le dos tordu, renverse sa hottée de raisins dans un *bellon*, comme un fleuve qui épanche son urne. A travers la feuillée du chêne, le soleil crible de paillettes de lumière sa figure hâlée, ses cheveux roux et ses robustes épaules. — Là-haut, dans les vignes, court une animation bruyante qui ne cesse pas. — Partout un manteau vert mordoré qui semble dégager des étincelles, partout des dos blancs, des capelines claires, des échines tantôt courbées et tantôt redressées ; dans tous les sentiers, des processions de porteurs chargées de hottées de grappes exhalant une capiteuse odeur de raisin mûr, et sur tout cela une éblouissante lumière.

C'est comme une dernière ivresse de la terre, alors que déjà elle sent la caresse des feuilles jaunies tombant sur son sein épuisé... Le déclin est proche, les jours s'accourcissent. Encore une suprême débauche avant le sommeil profond de

l'hiver !... A cette heure solennelle de la saison finissante, on
se sent pris d'une frénésie de vivre et de jouir, en pensant
que la fête va bientôt finir. Le cheval est là, à la porte, « sellé,
bridé, prêt à partir, » comme dit la chanson, et on savoure
avec volupté le vin pétillant du coup de l'étrier.

Mais la journée avance, le soleil oblique empourpre les
nuages du côté du couchant et veloute les coteaux d'une
chaude lumière vaporeuse. Déjà, dans les fonds, les buées
blanches serpentent en suivant le cours des ruisseaux. Voici
le dernier *bellon* qui part, lourdement chargé de grappes, couronné de branches d'arbres et environné de marmots accro-
chant leurs petites mains au cuvier et tressautant au moindre
cahot. Derrière lui, les hotteux et les vendangeuses, bras
dessus bras dessous, regagnent le bourg en chantant. A mesure
qu'on se rapproche des habitations, sous le ciel rembruni où
pointent de vives étoiles, des rumeurs tapageuses emplissent
les *fouleries* éclairées par des lanternes vacillantes. Çà et là,
une porte cochère, ouverte à deux battants, laisse voir les
profondeurs du vendangeoir avec ses piliers de bois sup-
portant la charpente touffue de la toiture, et, dans la pénombre, les panses rondes des énormes cuves, la massive
structure du pressoir tout ruisselant de moût, autour duquel
des hommes s'agitent bruyamment. — Par-dessus les toits,
le vent frais apporte des lambeaux de refrains, lancés à pleine
voix par les robustes poitrines des vendangeurs et des vendangeuses. — En haut, vers la place de la Fontaine, on chante
des rondes ; les sopranos aigus des femmes commencent le
couplet :

> A l'écart d'un petit bois
> La belle s'est endormie ;
> Par là il y passe
> Trois chevaliers du roi...

Et en chœur, des voix d'hommes, mêlées aux voies féminines, reprennent tumultueusement le refrain :

> Les gens qui sont jeunes
> Se marieront-ils ?... Oui, oui !

Des odeurs de vin doux s'exhalent des pressoirs, des soupiraux de caves, des rigoles de la rue. Plus on pénètre au cœur
du bourg, plus cette gaîté tapageuse augmente. Des lumières
tremblent aux vitres ; d'un vendangeoir à l'autre, de gros
falots lourdement balancés semblant tituber comme s'ils
étaient ivres ; des ribambelles de vendangeuses, riant aux
éclats, dévalent par les rues, comme une galopade de chevaux
échappés. Le bourg entier paraît entrepris par les montantes
fumées du vin nouveau.

Dans la vaste cuisine de chaque propriétaire de vignes, le
souper des vendangeurs fume sur la longue table-dressoir,
éclairée par des chandelles grésillantes ; — un souper simple,
mais gras et plantureux. Il est composé généralement d'une
onctueuse et odorante soupe aux choux, de platées de pommes
de terre flanquées de poitrine de mouton et de petit salé, et
de carrés de ce fromage de Marolles dont l'odeur ammoniacale vous prend aux narines. Le tout est arrosé du vin gris du
cru. Les vendangeurs, hommes et femmes, tous gens bien
endentés et nullement délicats, font honneur à ce menu. Ils

LES VENDANGES

mangent comme des dévorants et boivent d'autant. Le *ginguet*
du pays les défatigue et leur redonne des jambes ; de sorte
qu'une fois repus, tous ces gas de vingt à trente ans, toutes
ces luronnes égrillardes et robustes, n'ont plus qu'un désir :
danser ; — et ce désir, le propriétaire le satisfait toujours. On
se rend dans quelque grange, vaguement éclairée par de rares
lanternes, parfois même dans la cour ou dans la rue, et toute
la bande se met à danser des rondes et à valser avec une
fougue endiablée. — Souvent les propriétaires et toute leur
famille se mêlent à ces sauteries, qui dégénèrent parfois en
bacchanales. Pendant cette période des vendanges, tous les
rangs sont confondus, toutes les pruderies sont oubliées.

J'ai connu un propriétaire, un vieux gentilhomme campagnard, qui ne rougissait pas de servir lui-même de ménétrier
à ses vendangeurs. Perché à chevauchons sur une chaise, il
épaulait son violon et criait d'une voix gaillarde aux dan-
seurs : « En avant quatre ! » Il raclait son violon avec une
verve enragée, ne s'interrompant que pour interpeller les vendangeuses aux jupes et aux casaquins d'indienne, qui s'ébat-
taient drûment sur les dalles poudreuses de la *foulerie :*
« Chaîne des dames ! criait-il de sa voix de chantre, allons en
mesure, sacrebleu !... Jacquot, n'aie pas l'air d'une poule qui
marche dans les salades !... Et toi, la Brunille, saute, ma mie,
sans écraser les pieds de tes voisins !... Ce n'est pas tout
d'avoir du jarret, il faut savoir s'en servir... En mesure, les
enfants, en mesure !... »

Et violon de chanter, et filles de se trémousser. Les gros
souliers ferrés, en retombant sur le parquet, soulevaient des

nuages de poussière ; les couples s'entre-choquaient, et le bonhomme riait à se démonter la mâchoire, tout en continuant
de racler son instrument.

Ce travail de la vendange, entrecoupé de grasses lippées
et de joies bruyantes, dure de huit à quinze jours, puis tout
s'apaise ; les vignes dépouillées deviennent solitaires. Sous le
vent pluvieux d'octobre qui commence à détacher leurs feuilles
rougies, on ne voit plus errer, à travers les ceps aux échalas
renversés, que quelque pauvre grappilleuse qui vient, les doigts
transis par le grésil, ramasser les raisins à demi verts, échappés à la serpe des vendangeurs. Avec ces grappillons en verjus
mêlés aux prunelles de la haie, aux poires sauvages, aux
baies noires de l'hyèble, les pauvres gens fabriquent une bois-
son acide et rose qu'ils nomment la *piquette*, et, qui, par sa
couleur du moins, leur donne l'illusion du vin de raisin.

A leur tour les hallebotteuses disparaissent, et les vignes
dégarnies, dont les premières gelées blanches ont fait tomber
les feuilles recroquevillées, n'ont plus pour visiteurs que les
bruants et les grives, ces grappilleuses de la dernière heure,
qui savent encore trouver sur le cep de rares grains épars,
déjà meurtris par la gelée. Les oiseaux frémissants, ébourif-
fant leurs plumes, poussent de petits cris d'appel en sautillant
sur les sarments nus, tandis que là-haut, dans le ciel couleur
de fumée, les longues bandes de grues et d'oies sauvages des-
sinent leurs zigzags étranges et fuient vers le sud en jetant
une vague et lointaine rumeur, — comme pour annoncer
l'hiver qui s'approche et la neige qui s'amasse. C'est alors
qu'il fait bon avoir en cave quelques barriques ventrues pleines

de la nouvelle vendange, dont le jus clair et réchauffant remplace le soleil ! On fait griller des marrons sous la cendre, et,
tandis qu'au dehors, dans les rues enténébrées, le vent se
lamente et la neige tourbillonne, les amis groupés en cercle
autour du foyer flambant hument, en faisant claquer la langue,
le piot de la dernière cuvée, et choquant leur verres, boivent
à la prospérité des vendanges futures.

IV

LE VIN

Ce n'est point le langage pédestre de la prose qu'exigerait ce chapitre ; mais le rythme ailé et sonore du vers ; — un vers coloré et puissant comme la généreuse et cordiale liqueur qui s'échappe des raisins foulés. Il faudrait qu'on y sentît toutes les ivresses de la vendange : les sourdes rumeurs de la cuve en fermentation, le bouillonnement du moût écumeux, les gémissements du pressoir, la verdeur et le bouquet du

vin nouveau. Ce serait le cas de chanter, comme le poète
Keats : « Cette vineuse liqueur qui pendant de longues années
s'est rafraîchie dans les profondeurs des caves, et qui nous
apporte comme une saveur du vert pays de Flore ; qui évoque
pour nous les joies et les danses des contrées dorées par le
soleil... Cette coupe pleine d'une rouge Hippocrène, dont les
bords sont couronnés de bulles emperlées, empourprées et
pétillantes. » Heureux les Grecs, qui, avec leurs merveilleuses
allégories, leur jeune dieu Bacchus couronné de pampres,
leur titubant Silène, leurs bacchantes écrasant des grappes
mûres sur leur sein et brandissant le thyrse enguirlandé, pouvaient nous donner une image saisissante des mystères tumultueux de la fermentation, de la cuvée, de la métamorphose
du raisin en une grisante liqueur aux couleurs d'or ou de
pourpre !...

Par respect pour ce noble vin, fils de la grappe, je n'en-
trerai point ici dans les détails techniques de la vinification.
Chacun sait que toute liqueur sucrée mise en contact avec un
ferment, dans certaines circonstances de température, éprouve
une réaction désignée sous le nom de *fermentation alcoolique.*
Les grains de raisin renferment à la fois le sucre et le ferment
qui doivent donner naissance à la fermentation, mais cette
fermentation ne peut se produire qu'après que l'enveloppe a
été déchirée et le suc mis en contact avec l'air. C'est pourquoi
on écrase les raisins en les foulant dans des cuves en bois, à
une température de 18 degrés. Les pellicules du raisin et
toutes les matières solides que contient le jus sont soulevées,
par un dégagement d'acide carbonique et viennent former à

la surface de la cuve ce qu'on appelle le *chapeau de la vendange*. Le vin une fois soutiré est encore très doux et prend le
nom de *moût*; enfermé dans les tonneaux, il y subit une
seconde fermentation lente qui l'amène au point de conserva-
tion et de potabilité désirable. Les grappes foulées sont soumises alors à l'action du pressoir, afin d'exprimer tout le jus
vineux qu'elles contiennent encore en suspension. — Telles
sont en substance les phases diverses de la vinification, mais
ces détails vulgairement scientifiques ne disent rien à l'imagination; ils ne rendent pas le caractère à la fois grandiose et
familier de la foulée et de la pressée.

J'aime mieux vous décrire le spectacle mystérieux et pittoresque que présentent les vastes *fouleries* où se joue ce dernier acte du poème rustique de la vendange. — Le travail se
fait dans l'ombre et souvent dans la nuit. Sous les sombres
charpentes du vendangeoir qu'éclairent vaguement des lanternes suspendues aux poutres, on distingue les silhouettes
des hommes entièrement nus qui foulent le raisin dans la cuve;
on entend le sourd murmure de la fermentation; on respire
la tiède et grisante odeur des grappes écrasées; tandis que le
vin doux jaillit avec de pourpres lueurs dans les bassins de
cuivre, et que dans la pénombre se dresse la pittoresque charpente du pressoir. Nus jusqu'à la ceinture, les *presseurs*
poussent avec de rudes clameurs le cabestan qui fait jouer
l'énorme vis du pressoir. Sous leurs efforts, la machine gémit
et le vin doux ruisselle avec un bruit frais. Des porteurs
emplissent de moût les profondes hottes de bois qu'on nomme
chez nous des *tandelins* et transportent sur leur dos le vin

nouveau dans les caves. Chez moi, ces caves sont monumentales. Comme la ville est située sur une hauteur, il en existe plusieurs étages superposés, et la descente du vin dans ces catacombes a je ne sais quel caractère religieux. Le ruissellement du liquide dans les tonneaux y éveille des échos sonores, et il semble qu'on y entende chanter l'âme du vin.

L'âme du vin, c'est le *bouquet*, c'est ce subtil parfum, cette délicate saveur qui varie à l'infini suivant les plants, les terroirs et les climats. Le moindre changement dans la composition du sol peut modifier ou supprimer ce bouquet, faire d'un vin parfumé un vin plat et médiocre. C'est pour cette raison qu'autrefois les ducs de Lorraine avaient défendu, sous peine d'une grosse amende, qu'on fumât les vignes dans toute l'étendue du duché. Le fumier augmente la quantité de la récolte, mais il en affaiblit la qualité. Il change la nature de ce sol léger, caillouteux, sablonneux, qui donne à certains vins leur saveur fine et volatile. Sous ces grossières fumures la race se perd, le plant dégénère et l'âme du vin se matérialise.

O nos vins de France aux bouquets divers et exquis, comme les paysages si variés et si charmants de nos provinces, il faudrait presque un dénombrement homérique pour vous nommer tous et vous chanter suivant vos mérites et vos qualités.

D'abord, — et ici il faut saluer bien bas, — voici le roi des vins, le pourpre et généreux bourgogne. Ses nobles plants poussent aux flancs de ces collines si justement nommées la *Côte d'Or ;* ils sont chauffés par un bienfaisant soleil que, dans le pays, on n'appelle pas autrement que le *Bourguignon.* C'est,

comme on dit là-bas, un vin *à se mettre à genoux devant.*
Chaud, lampant et parfumé, qu'il s'appelle Pomard ou Corton,
qu'il vienne de Nuits ou de Beaune qu'il sorte des aristocra-
tiques clos de Vougeot ou de Chambertin, il réchauffe le
cœur, épanouit la rate et illumine le cerveau comme un
soleil. Il met le rire et l'éloquence aux lèvres des hommes. Sa
liqueur fait couler une sève généreuse et joyeuse dans le sang
des Bourguignons. Sitôt qu'on met le pied dans la ducale province, on se sent dans une atmosphère gaie et propice aux
épanchements du cœur. Les hommes y ont le teint coloré, la
physionomie ouverte, la voix chaude et le rire franc ; les
femmes ont dans les yeux quelque chose de clair et d'allègre
comme la liqueur bourguignonne, et, sur les lèvres, un peu
de la pourpre de ce royal vin.

De l'autre côté des montagnes du Châtillonnais, dans la
vallée de la Marne, sur les aimables collines qui d'Épernay à
Château-Thierry se reflètent dans les eaux sinueuses de la
rivière, voici un autre noble cru, célèbre dans le monde entier,
mais dont malheureusement la spéculation industrielle et de
déplorables imitations ont bien diminué la qualité. C'est le
champagne doré ou rose, toujours pétillant, toujours en
ébullition et couronnant les coupes de sa mousse emperlée.
Sa griserie tapageuse met de jolis sourires et de vives étincelles
sur les lèvres et dans les yeux des femmes ; mais l'animation
qu'il fait naître dure peu et elle est souvent suivie d'une tor-
peur mélancolique. C'est un vin dont le charme est tout à
l'extérieur ; il a plus de mine que de corps, plus de mousse
que de sève. Pour bien le connaître et lui rendre la justice qui

lui est due, il faut le boire chez quelques propriétaires du pays, où il s'est conservé pur de tout mélange, et où il a vraiment gardé la saveur et la finesse du terroir natal. Ailleurs, et surtout dans les restaurants, ce n'est la plupart du temps, comme disait Mürger, « qu'un coco épileptique ».

Saluons en passant les vins francs et agréables du Beaujolais et du Mâconnais, les vins un peu plats de l'Orléanais, et arrivons à cette opulente province du centre, la Touraine, riche en paysages plantureux, en rivières poissonneuses, en fruits savoureux, en coteaux ensoleillés où mûrit la vigne. Là aussi les bons crus foisonnent. Ce sont des vins moins renommés que le champagne et le bourgogne, mais qui n'en ont pas moins un bouquet rare et délicat. Là dorment, dans les caves creusées en pleine pierre de *tuffeau*, le vouvray pétillant à odeur de violette, le bourgueil chaud et parfumé, le chinon qui sent la framboise ; un peu plus loin, en descendant la Loire, se trouvent ces diaboliques vins d'Anjou qui cassent les bouteilles et qui cassent encore mieux la tête.

Si nous franchissons le Poitou et l'Angoumois, nous arrivons à la patrie des vins toniques et cordiaux, un peu amers, mais qui gagnent toujours en vieillissant et que leurs vertus généreuses et réchauffantes ont fait surnommer des *vins de malades*. Voici le Bordelais aux chais opulents et innombrables où sont emmagasinés les nobles crus du Château-Larose, du Château-Yquem, du Sauterne, du Château-Margaux et de tant d'autres illustres maisons. Avant l'invasion du phylloxera, toute cette belle terre de France était vraiment le cellier exquis et varié du monde entier. Des Pyrénées aux

LE PRESSOIR

Alpes, tout le littoral de la Méditerranée était couronné de pampres, et le soleil du Midi y murissait des vins de toute nature : vins légers et délicieux de Jurançon ; vins de liqueur de Rancio, de Banyuls, de Frontignan et de Lunel ; gros vins de Béziers et blanquette de Limoux ; crus capiteux et mousseux de la côte du Rhône.

En remontant vers l'Est, la sève vineuse ne tarit pas. A côté des vins du Lyonnais, les jolis vins de Savoie rient dans les verres, et là-bas, dans le Jura, l'Arbois rosé pétille comme du champagne. — Plus haut, sur des collines qui ne sont plus nôtres, mais où battent toujours des cœurs français, mûrissent des vignes à la sève généreuse, aux raisins appétissants et parfumés. — Salut, vins d'Alsace et de Moselle, vins rosés de Pange, vins blancs et capiteux de Rikewihr ! Jadis, quand vous couliez dans les verres des vignerons de là-bas, les fronts se déridaient et les langues se déliaient. Maintenant que les mauvais jours sont venus, on vous boit en silence, et en silence, avant de boire, nos frères d'Alsace et de Lorraine choquent mélancoliquement leurs verres. Mais si les bouches restent closes, les regards parlent, les cœurs se comprennent, et l'on trinque mentalement à l'ancienne patrie.

Ainsi, au levant comme au couchant, au midi comme au centre, les abondants vins de France peuplent nos caves et font couler dans nos verres un peu des vertus et de l'esprit de chacune de nos vieilles provinces.

Je t'ai gardé pour le dernier, vin rosé de mon pays, vin des coteaux du Barrois, cru modeste et cependant ayant, autant que bien d'autres, tes quartiers de noblesse ! — Tu

ressembles à ces grands hommes de province qui redeviennent
obscurs dès qu'ils ont franchi les limites de leur département.
On ne te boit et on ne t'apprécie que dans ton pays ; et d'ailleurs, tu ne supportes pas le transport. Vin léger et sapide,
couleur de groseille, tu te dépouilles en vieillissant et tu prends
alors des teintes de pelure d'oignon. Tu as un agréable goût
de terroir qu'aiment tous les buveurs du cru, et si humble que
tu sois, tu as connu des jours de gloire. — Au temps où Marie
Stuart vint visiter ses parents, les ducs de Bar, tu fus servi à
la table ducale, et la jeune reine trempa dans ta liqueur claire
ses belles lèvres rouges, tandis que les chœurs chantaient des
vers composés par Ronsard pour la circonstance.

> Je nourris tout, toutes choses j'embrasse,
> Et ma vertu par toute chose passe ;
> Je serre tout, je tiens tout en mes mains,
> Et tout ainsi que de tout je suis maître,
> Pour commander au monde, j'ay fait naître
> Ce jeune roy, le plus grand des humains...

On raconte aussi que tu fus versé à des cardinaux pendant
le concile de Trente, et que ceux-ci, soudain illuminés... par
le Saint-Esprit, déclarèrent tout d'une voix que le vin de Bar
était un des meilleurs de la chrétienté.

Depuis, tu as un peu dégénéré, ou peut-être nos palais
sont-ils devenus plus difficiles ? Au vieux plant de pineau on a
substitué un plant plus vulgaire et plus productif. Ainsi va le
train des choses, ainsi tout se vulgarise. — Néanmoins, tu
prospères et tu réjouis les buveurs de notre vallée. Tes vignes
nourricières tapissent encore toutes nos collines de l'Ornain,

et c'est un spectacle doux à l'œil, quand, triomphant des gelées de mai, les pampres ont poussé et couvrent de leur verdure phosphorescente les rondes épaules de nos coteaux.

C'est pourquoi, léger vin de mon pays, c'est toi aujourd'hui que je veux verser dans mon verre, et l'élevant haut dans l'air, afin que le soleil d'été y fasse étinceler des rubis, avec toi je veux porter un toast et boire — aux vins de France !

LE CHANVRE

LE CHANVRE

Le chanvre à la feuille palmée,
Le chanvre est en fleur. — Dans les airs
Le pollen, comme une fumée,
Ondule au-dessus des brins verts,
Et, comme un vin fort, son haleine
Grise les têtes dans la plaine.

21

Le chanvre est mûr. — Matin et soir,
On a fait tremper sa dépouille
Dans l'eau dormante du routoir.
Le voilà prêt pour la quenouille.
Plus rapides que des oiseaux,
Tournez, rouets ; virez, fuseaux !

Comme une souple et tendre chaîne,
O fils menus du chanvre fin,
Vous enlacez la vie humaine
Du commencement à la fin,
Du berceau frêle où l'enfant joue
A la tombe où tout se dénoue.

Vous êtes le lange mignon
Qu'on fait blanchir à la rosée,
Le sarrau bleu du compagnon
Et le trousseau que l'épousée
Porte avec la clé de son cœur
Au logis de l'époux vainqueur.

Vous êtes la nappe dressée
Au coin du feu, les soirs d'hiver ;
La voile par le vent poussée

Sur l'infini bleu de la mer ;
Et la tente aux mobiles toiles
Qu'on plante au lever des étoiles.

O fils menus du chanvre fin,
Quand viendra la mort, ce mystère,
Vous serez le linceul enfin,
Où nos corps iront sous la terre
Engraisser les rouges pavots
Et les brins des chanvres nouveaux,

I

LA CHÈNEVIÈRE

La plante textile qui porte le nom de *chanvre* est, je crois, assez bien connue de tous et il est presque inutile de la décrire. Disons seulement qu'elle appartient à la famille des *urticées* et qu'elle a pour cousine germaine l'ortie. Les plantes de cette famille sont dioïques, c'est-à-dire que la fleur mâle et la fleur femelle croissent sur des pieds distincts ; elles ont la tige filandreuse, les feuilles rudes et velues. Celles du chanvre sont palmées, — séparées en cinq lobes aigus, à

peu près comme celles du marronnier d'Inde. Les plants s'élèvent très droits à une assez grande hauteur au-dessus du sol ;
ils dépassent la taille d'un homme. Les fleurs mâles, disposées
en grappe lâche, sont verdâtres ; les fleurs femelles, après la
fécondation, donnent naissance à une graine oléagineuse très
appréciée des oiseaux, — le chènevis. Les champs où pousse
le chanvre se nomment les chènevières.

Autrefois, il n'y avait pas de village ou de hameau, à proximité d'un cours d'eau, ruisseau, rivière ou étang, qui ne mît
à profit ce voisinage pour cultiver le chanvre. Chaque maison
de paysan avait sa chènevière, petite ou grande suivant les
besoins de la famille. Cette plantation occupait un carré de
bonne terre, tout près du corps de logis, à la suite du jardin
potager et non loin de la prairie. La chènevière complétait la
physionomie de ces rustiques habitations : sa verdure foncée
s'harmonisait avec les ruches du rucher, les enroulements des
haricots à fleurs rouges et les échevèlements des pois ramés.
Chaque ménage mettait son amour-propre à récolter sur son
propre terrain le chanvre nécessaire à l'entretien du linge de
la maisonnée ; les femmes filaient elles-mêmes le produit de la
récolte, et toutes les chemises de la famille étaient tissées avec
les fils de la plante que les gens du logis avaient fait pousser.
Mais maintenant que la multiplication des grands magasins et
la facilité des communications permettent aux habitants du
moindre village de s'approvisionner à bon compte de produits
manufacturés en France et à l'étranger, le paysan préfère ache-
ter à la ville des toiles à bon marché et affecter à des cultures
plus productives les terres de première qualité où il faisait

pousser, à grands frais, une denrée qui lui est devenue inutile.

Les chènevières, en effet, ne prospèrent que dans les terres riches et profondes, principalement les terres d'alluvion, que le voisinage des eaux entretient dans une salutaire humidité et auxquelles les inondations printanières servent d'engrais naturel. Dans ces sols noirs et abondants en détritus végétaux, on sème très dru le chanvre en avril, quand une pluie bienfaisante a détrempé la terre, et on enfouit la semence à l'aide de la herse.

Le chanvre a de nombreux ennemis contre lesquels le cultivateur doit se mettre en garde. — D'abord, les pigeons au moment des semailles. Quand ceux-ci s'abattent sur une chènevière récemment ensemencée, ils ne se gênent pas pour déterrer le grain qui commence à lever et par s'en gaver gloutonnement, sans se préoccuper du sort de la future récolte ; puis viennent, par bandes, les moineaux, très friands des jeunes brins de chanvre. Contre ces effrontés pillards, les épouvantails les plus ingénieux ne sont que d'inutiles défenses. Les pierrots se moquent absolument des mannequins bourrés de foin, vêtus d'une vieille veste et coiffés d'un chapeau de paille, qu'on plante naïvement au bord de la chènevière. Leur flair leur indique vite qu'ils n'ont point affaire à une créature humaine en chair et en os, et ils se jettent avidement sur les jeunes pousses, sans se soucier de ces fantoches qui agitent vainement leurs bras ballants pour arrêter les déprédations de la troupe vagabonde. Si le paysan veut protéger sérieusement sa récolte, il faut qu'il monte lui-même la garde autour de la chènevière.

Cependant, arrosé par les pluies de mai, chauffé par les soleils de juin, le chanvre croît rapidement et atteint bientôt des dimensions qui le sauvent du bec des oiseaux. Serrée, épaisse et drue, la chènevière ondule dans la plaine, et c'est plaisir de voir ses belles tiges, aux feuilles décoratives, étendre leur manteau d'un vert foncé au milieu des seigles d'un gris argenté et des blés d'un vert plus tendre. — Que de fois, à l'extrémité du lac d'Annecy, dans les terrains plats et tourbeux qui vont jusqu'aux premières pentes mamelonnées de la montagne, je me suis arrêté pendant les fraîches matinées d'août, pour regarder les grands carrés de chènevières, enlevant leur verdure sombre sur le bleu de saphir des eaux du lac ! — Le ciel, nuageux et fumeux du côté des collines, s'éclaircissait au-dessus d'Annecy. A mesure que le soleil se dégageait des nuées, les flancs du Semnoz prenaient des couleurs d'aube, de fraîches nuances safranées, rosées, lilassées, où couraient de légères taches d'ombre bleuâtre. Des déroulements de nuages argentés descendaient le long des pentes boisées, après avoir franchi le col d'Entrevernes ; derrière, Doussard et sa forêt sommeillaient encore dans une demi-obscurité ; des vapeurs blanches dansaient autour des cimes de la montagne du Charbon, tandis qu'autour de moi, toute la plaine se baignait déjà dans une clarté dorée, et que les chènevières ondulaient à droite et à gauche, en répandant leur âcre et pénétrante odeur.

Cette odeur fortement aromatique et grisante est l'indice du commencement de la floraison dans la chènevière. Le pollen des fleurs mâles se détache des étamines au moindre souffle du vent et plane comme une buée grise au-dessus des masses de tiges vertes. La fécondation s'opère. On dit alors que la chènevière *fume*, et c'est le moment qu'on choisit pour

LA RÉCOLTE DU CHANVRE

arracher le chanvre mâle. Ce dernier a accompli sa fonction, ses feuilles jaunissent et pendent le long de la tige ; il n'est plus bon que pour le rouissage.

On laisse au chanvre femelle quinze jours de répit : le temps suffisant pour la maturation de la graine qu'on recueille avec soin. Le chènevis, en effet, est utilisé pour nourrir la volaille ; on en tire, en outre, une huile dont on se sert dans le commerce. Il y a donc double avantage à retarder d'une quinzaine l'enlèvement du demeurant de la chènevière, et le paysan n'est pas homme à négliger ce petit profit. Néanmoins certains agriculteurs prétendent que ce que l'on gagne au moyen de la graine, on le perd sur la qualité de la matière textile, et que de la sorte tout se compense.

Une fois le chanvre arraché, on en forme de petits paquets qu'on lie en haut et en bas avec des tiges avortées ; à mesure que le liage s'exécute, un homme coupe à la hache les racines de chacun de ces paquets sur une traverse de bois. On fixe ensuite les tiges de chanvre, réunies en gerbes, sur des pieux disposés à la file, dans le champ même, et on attend que le soleil et le vent accomplissent naturellement l'œuvre de dessiccation des feuilles et de la graine. Le tout une fois convenablement sec, on apporte des draps ou de vieux tonneaux défoncés ; les femmes prennent un à un les paquets de chanvre et les secouent, la tête en bas, de façon à faire tomber tous les grains de chènevis dans le récipient. Quand la graine est complètement ramassée, le chanvre est prêt pour les opérations successives qui transformeront ses brins desséchés en fil et en toile.

Lorsqu'on y réfléchit, on est émerveillé de tout ce que l'in-

dustrie humaine peut tirer de cette plante commune, si plé-
béienne d'aspect et si frêle ! A combien d'usages divers vont
servir les fibres de ces tiges nées d'un grain de chènevis ! Le
chanvre se mêle à tous les actes de la vie comme un indispensable élément. Il sert à façonner le câble des navires, la tente
du soldat, les filets du chasseur et du pêcheur, la blouse bleue
du paysan, la chemise la plus grossière comme la dentelle la
plus précieuse. Le drap dans lequel l'homme naît, dort, se
marie et meurt, a été tissé avec la dépouille du chanvre. La
corde de sauvetage qu'on jette au malheureux qui se noie et
la corde du pendu ont peut-être été fabriquées avec des tiges
nées dans la même chènevière... Et quand la toile ouvrée est
hors d'usage, quand elle n'est plus qu'un vulgaire chiffon jeté
au panier, on l'utilise encore et on en fait sortir le papier blanc
et solide sur lequel on imprime le livre, et à l'aide duquel la
pensée circule à travers le monde et se transmet d'âge en âge.

A l'égal du grain de blé et du grain de raisin, le grain de
chanvre est en même temps un des plus simples et un des plus
féconds éléments de l'activité humaine.

II

LE ROUISSAGE ET LE TEILLAGE

Lorsque les tiges du chanvre sont sèches, on s'occupe de les *rouir*, c'est-à-dire de les faire séjourner dans l'eau assez longtemps pour produire, à l'aide de la fermentation, la dissolution de la matière mucilagineuse qui unit les fibres entre elles et forme la contexture de la tige. Cette désagrégation amène un dégagement d'émanations putrides qui corrompent l'eau dans laquelle le chanvre séjourne ; aussi est-il défendu, par mesure de salu-

brité, de procéder à l'opération du rouissage dans les rivières
et les ruisseaux. Ordinairement on rouit dans des flaques
d'eau dormante qu'on nomme des *routoirs*.

Ces routoirs sont des trous carrés, profonds de trois
pieds, pratiqués dans les prairies riveraines d'un cours
d'eau, de façon que le trou s'emplisse à l'aide des infiltra-
tions de la rivière ou du ruisseau voisins. Le chanvre est
maintenu au fond du routoir à l'aide de grosses pierres et il
y demeure jusqu'à ce que les fibres soient entièrement désa-
grégées.

Chez moi, ces routoirs béants à fleur de terre, et dissimu-
lés à demi par l'herbe des prairies, étaient bien les plus perfides et les plus dangereux pièges qu'on pût imaginer. Pour
mon compte, je leur dois un des plus désagréables souvenirs
de mon enfance. J'avais huit ans et je vagabondais par les prés,
tandis que mes grands parents devisaient gravement sur les
bancs de la promenade voisine. La prairie était pleine de sca-
bieuses et de marguerites et je m'y cueillais un bouquet dans
les grandes herbes. Tout à coup, le sol se dérobe, et me voilà
disparu comme dans une trappe, au fond d'un routoir vaseux.
L'eau me monte au-dessus de la tête, de gros cailloux roulent sous mes pieds, mes oreilles bourdonnent et une série de
pensées terrifiantes passe dans mon cerveau avec une rapidité
électrique. Heureusement le trou n'était pas trop profond. Je
me raccroche aux herbes du bord ; ma tête émerge et je pousse
des cris de paon qui font accourir ma famille. On me repêche...
Dans quel état ?... Ruisselant, boueux, couvert de longs fila-
ments verdâtres qui exhalaient une odeur nauséabonde... Pour

comble de guignon, nous étions à une bonne demi-lieue de la maison, et il fallut revenir cahin-caha. Mon pantalon faisait flic flac à chaque pas, mes souliers lançaient des jets d'eau, et je me sentais tout recroquevillé et rapetissé dans mes vêtements trempés. Je commençais à grelotter, et, par-dessus le marché, je subis en route, au sujet de mes imprudences et de mon esprit d'indiscipline, un sermon que je me permis de trouver inopportun. — Enfin nous arrivons chez nous : on me déshabille, on m'éponge, on me couche, et je garde dans mon souvenir — douce comme un enveloppement d'ouate — la délicieuse sensation du linge sec, du lit bien bassiné et de la bonne tasse de tilleul bouillant et parfumé, après l'absorption de laquelle je m'endormis avec le glouglou de l'eau dans les oreilles...

Le chanvre sort du routoir à peu près dans le même piteux état d'où on m'en avait tiré ; — mais lui n'est pas au bout de ses peines. Après l'immersion dans cette eau stagnante où il a laissé toute la partie charnue de sa substance, on le fait de nouveau sécher au soleil, puis on le soumet à la double opération du teillage et du peignage.

Le teillage consiste à décortiquer la tige et à en extraire la filasse en brisant les brins séchés à l'aide d'un mécanisme très primitif et très peu compliqué. L'instrument qu'on nomme le *teilloir* consiste en un chevalet de bois sur le dos duquel se meut un levier également en bois, qu'on hausse et qu'on abaisse avec la main et au moyen duquel on martèle les tiges du chanvre. Sous le choc de cette barre massive l'écorce se

23

détache des fibres et laisse à nu toute la partie textile. Les
débris de la tige décortiquée se nomment *chènevotes* ou *chan-
vres-nus*, et les paysans s'en servent comme d'allumettes. Réunies en masse, ces chènevotes font de claires et vives flambées
qui durent peu, mais qui réjouissent l'œil des enfants attroupés,
l'hiver, autour du brasier des hautes cheminées campagnardes.

On n'emploie pas toujours le teilloir pour décortiquer le
chanvre, et dans beaucoup de campagnes, la besogne du
teillage, réservée aux femmes, se fait à la main. En Savoie,
j'ai souvent rencontré des paysannes qui cheminaient avec
leur tablier chargé de tiges de chanvre ; tout en marchant, elles prenaient un brin et le teillaient entre leurs
doigts rudes et calleux, et je les suivais longtemps des yeux,
tandis qu'en plein soleil, elles allaient, coiffées du grand
chapeau de paille, effilant d'un geste machinal les tiges de
chanvre, dont elles laissaient l'écorce légère s'envoler au
vent...

Chez nous, cette besogne est réservée pour les veillées
d'hiver. Quand on s'assemble au veilloir, dans la soirée, les
femmes teillent le chanvre à la main ; les débris de chanvres-
nus servent à entretenir le feu qui *claire* gaîment, et à la clarté
duquel se meuvent les vieilles teilleuses, avec des attitudes
qui remettent en mémoire les vers de Villon :

> Assises bas, à cropetons,
> A petit feu de chènevotes...

Après le teillage, les fils de chanvre sont réunis en

poupées et soigneusement peignés. Ils sont fins, souples et blonds comme des cheveux de femme, et les fileuses les fixent à l'aide d'un ruban de couleur autour de leur quenouille.

III

LES FILEUSES

Avant la révolution économique opérée par la substitution des machines à la main intelligente de l'ouvrier, le filage des matières textiles constituait l'une des principales occupations de la femme ; la quenouille, le rouet et le fuseau étaient les attributs de l'activité domestique. Il y a dans Théocrite une idylle sur la *Quenouille* qu'on ne saurait trop faire connaître : « Que-

nouille, amie de la fileuse, don d'Athénê aux yeux verts
aux femmes dont l'esprit est tourné vers les utiles besognes
domestiques, suis-moi avec confiance jusque dans la ville
fameuse de Nélée, où s'élève dans une verte enceinte de
roseaux le temple consacré à Kypris... Là, je veux jouir
de l'accueil d'un hôte bien-aimé : Nicias, fils des Grâces au
doux parler ; et toi, quenouille artistement façonnée dans
l'ivoire, je veux te donner en présent à l'épouse de Nicias.
Avec elle tu feras d'utiles travaux : des vêtements virils et
aussi de flottantes robes de femmes. Deux fois dans la même
année les mères des agneaux, dans les pâturages, ont laissé
pour Theugenis tondre leur toison. Elle est laborieuse et elle
aime les ouvrages préférés des épouses honnêtes. Toi qui es
né dans mon pays, je ne voudrais pas te porter dans la maison
d'une femme oisive... Tu habiteras l'aimable Ionie, tu vivras
entre les belles mains de Theugenis et tu lui rappelleras la
mémoire du poète, son ami... L'hôte et l'hôtesse se diront en
te voyant : « Un petit présent a toujours bonne grâce quand il
vient de la main d'un ami... »

Autrefois, dans presque toutes les familles, on trouvait un
rouet dans la chambre de la maîtresse de la maison. Parmi les
personnes qui arrivent aujourd'hui à la cinquantaine, qui ne
se souvient d'avoir vu, au sommet de quelque antique armoire,
un de ces jolis rouets du xviiie siècle, en bois de poirier ou
d'ébène, avec ses légers montants élégamment fuselés, sa roue
incrustée d'ivoire, son godet, sa haute bobine et sa quenouille
enrubannée ?... Cette pièce du mobilier familial suggérait une
succession d'idées sereines et reposantes ; elle évoquait toute

une vie de solitude laborieuse, simple et patriarcale. On revoyait l'aïeule, vêtue à la mode du temps jadis, assise près de la fenêtre, sa quenouille à la ceinture, agitant du pied la pédale du rouet et filant dans la chambre haute de quelque silencieux logis provincial.

Encore aujourd'hui, à la campagne, la quenouille est en honneur. La ménagère, pendant les veillées, la bergère en gardant ses *ouailles* dans les champs, filent les écheveaux destinés à confectionner les draps et les chemises de la famille. On file au rouet ou au fuseau. Le rouet est l'instrument des besognes sédentaires ; le fuseau permet au contraire à la fileuse d'aller et de venir en plein air, à travers champs, tout en faisant son travail. C'est le mode de filage le plus ancien et le plus simple. La fileuse tient d'une main sa quenouille, autour de laquelle la poupée de chanvre est attachée ; de l'autre main, elle tire et tord la filasse qu'elle mouille de sa salive, et qui, une fois transformée en fil, va s'enrouler autour du fuseau auquel on imprime un mouvement de rotation. — Dans le système plus compliqué du rouet, la pédale agitée par le pied fait tourner la roue et met en mouvement la bobine qui remplace avantageusement le fuseau. Un godet d'étain rempli d'eau est fixé à l'un des montants et sert à humecter le fil. La fileuse tire de sa quenouille une pincée de filasse, l'effile, l'allonge, le tord et l'assujettit à la bobine qui tourne avec un sourd ronronnement, et à laquelle le mécanisme de la pédale et de la roue ne laissent plus un moment de repos.

Dans son recueil des *Chants populaires de la Franche-*

Comté, le poète Max Buchon cite une curieuse chanson relative à l'opération du filage. Les paroles exactes me sont sorties de la mémoire, mais voici le sens de cette ballade symbolique, où le chanteur associe successivement tous les âges de la vie à la besogne de la fileuse étirant l'étoupe de sa quenouille :

« Mets à ta quenouille un ruban rose, et file gaîment la toile dont tu feras une jupe fraîche pour aller au bal avec ton amoureux.

« Mets à ta quenouille un ruban blanc, et file joyeusement la toile blanche dont tu feras les draps de ton lit de noce.

« Mets à ta quenouille un ruban bleu, et file doucement la toile fine avec laquelle tu façonneras les langes de ton nouveau-né... »

La chanson se poursuit ainsi jusqu'à ce dernier couplet, dont j'ai retenu le texte :

> A ta quenouille, un ruban noir !
> File, sans trop le laisser voir,
> Le linceul dont, quand tu mourras,
> L'un de nous t'enveloppera...

Cette poésie populaire est jolie, — trop jolie même. Sa toilette trop soignée, trop symétrique, me fait craindre qu'un poète citadin ne l'ait remaniée. Je soupçonne Max Buchon d'avoir exécuté de nombreux *repeints* sur la toile primitive et à demi écaillée.

Quand la bobine est complètement chargée de fil, on la dévide et on forme des écheveaux à l'aide d'un instrument qu'on nomme la *giroinde*. La giroinde ! Encore une pièce du

LES FILEUSES

mobilier domestique qui a presque disparu et qui était d'une élégance charmante. Peut-être l'avez-vous rencontrée dans la chambre longtemps close d'une de vos grand'mères?... Peut-être l'avez-vous vue tout au moins dans un tableau de Chardin? C'est une sorte de dévidoir monté sur un pied et ayant la forme d'une circonférence, dont chaque rayon est une branche de bois terminée par une cheville verticale. La main suffit à mettre en marche cette circonférence mobile, et le fil de la bobine s'enroule autour des chevilles circulaires, de façon à former l'écheveau ou la *chaîne* qu'on portera ensuite aux tisseurs de toile.

Dans les campagnes, ces besognes du filage au rouet se font surtout en hiver, pendant les longues soirées passées au *veilloir*. Ces veillées ont lieu dans quelque vaste cuisine, à la clarté des lumignons fournis à tour de rôle par chacune des veilleuses. Les femmes apportent avec elles leur rouet, et aussi une bourrée de sarments destinés à alimenter le feu de la haute cheminée. Les hommes assistent souvent à ces réunions du soir, et quand ils sont d'humeur libérale, ils offrent à l'assistance un régal qui consiste en vin chaud, en noisettes et en pommes séchées au four. Tandis que les rouets tournent et emplissent la cuisine d'un monotone bourdonnement, les langues se délient et se mettent à tourner à l'égal des rouets. C'est là qu'on répète et qu'on commente toutes les histoires campagnardes : naissances, morts, mariages, — mariages surtout. En même temps que le fil s'enroule autour des bobines toutes les amourettes du village sont dévidées, et Dieu sait si l'écheveau est embrouillé! — C'est là aussi que les garçons

viennent agacer les filles et c'est là encore que se débitent les
meilleurs contes : — contes de fées ou de fantômes, aventures
de marins ou de soldats... Le répertoire des filandières est iné-
puisable. Voici un de ces contes, germés dans l'imagination
des fileuses et qui est tout à fait de circonstance, puisque le
chanvre et le rouet y jouent le rôle principal :

« Il était une fois une fille de paysans, belle comme le
jour, mais paresseuse autant que belle. Comme elle était très
vaine de sa beauté, elle passait tout son temps à peigner ses
cheveux, à les lisser et à se regarder dans un miroir. Jamais,
au grand jamais, elle ne touchait à un rouet. Elle avait de
belles mains et craignait de les gâter en tordant le fil. Elle
laissait cette besogne à sa mère et à ses sœurs qui, étant moins
jolies qu'elle, étaient moins gâtées et plus laborieuses. Or, un
jour, le bruit se répandit que le fils du Roi allait par les campagnes cherchant une femme qui fût à la fois une compagne
aimable et une bonne ménagère. Il avait déjà passé en revue
toutes les filles des pays voisins, sans découvrir rien qui le
satisfît. Quand il arriva enfin dans la paroisse où demeurait la
belle paresseuse, celle-ci se trouvait en ce moment seule au
logis : ses sœurs étaient aux champs avec ses père et mère et,
comme d'habitude, elle gardait la maison sans faire œuvre de
ses dix doigts. — Aussitôt qu'elle sut l'arrivée du fils du Roi
et qu'il allait passer devant sa porte, elle se tint sur le seuil,
gentiment peignée et atournée ; puis, pour se donner une
contenance, elle s'assit devant le rouet de sa sœur, dont la
quenouille était chargée, la bobine déjà toute rebondie de fil,
et elle fit mine de filer. Le fils du Roi, suivi de sa cour, s'arrêta

devant la fileuse et fut saisi d'admiration en voyant une fille
si jolie et en même temps si travailleuse :

— Est-ce vous qui avez filé tout ce chanvre ? demanda-t-il
à la jeune fille.

— Oui, prince, répondit-elle audacieusement, en lançant
au fils du Roi une œillade qui lui perça le cœur.

— Vous aimez donc beaucoup à filer ?

— Passionnément, continua-t-elle sans sourciller.

— Eh bien, reprit-il enchanté, venez avec moi, vous serez
attachée à la cour et vous pourrez y satisfaire vos goûts à
loisir.

Il emmena donc la belle fille à sa cour, la fit entrer dans
un château dont toutes les chambres étaient pleines de chanvre
fin et luisant comme l'or, et il lui dit :

— Puisque vous aimez à filer, vous resterez ici pendant
un an, et si, au bout de l'année, vous avez filé tout le chanvre
que voici, je vous prendrai pour femme et vous serez reine de
mon royaume.

La belle fille s'inclina sans desserrer les dents, bien empê-
chée et bien en peine, comme vous pensez. On lui apportait à
manger dans le château, mais elle ne devait pas en sortir avant
que tout le chanvre fût filé. Un jour qu'elle se désolait à la
fenêtre, elle vit passer, sur la route, trois vieilles fort laides
et bossues, et celles-ci lui dirent :

— Si tu nous promets de nous inviter à ta noce, nous file-
rons pour toi tout le chanvre qui est dans le château, et avant
la fin de l'an, tu pourras épouser le fils du Roi.

Naturellement elle promit tout ce qu'on voulut. Les trois

vieilles entrèrent à la nuit close dans le château ; elle les logea
secrètement dans une chambre haute ; puis elles se mirent
sans tarder à leur rouet et besognèrent si bien qu'avant la fin
de l'année tout le chanvre fut filé. La belle fille fit prévenir le
fils du Roi et celui-ci fut saisi d'une telle admiration qu'il
voulut que la noce eût lieu dans les quinze jours. Quand tous
les préparatifs furent faits, la jeune fiancée, qui avait grand'-
peur des trois vieilles, avoua à son futur mari qu'il lui res-
tait trois parentes fort âgées et qu'elle désirait ardemment
qu'elles assistassent à ses noces. Le prince était trop amoureux
pour ne pas consentir à tout, et les trois vieilles furent priées
à la fête. — Donc elles arrivèrent plus cassées, plus bossues
et plus laides que jamais ; l'une avait le pouce long et plat
comme une spatule ; la seconde, la lèvre pendante comme
celle d'un vieux chien ; la troisième, un pied large et plat
comme un battoir. — Lorsque le fils du Roi les vit dans le
cortège, il resta stupéfait et s'adressant à l'une d'elles :

— Pourquoi, demanda-t-il, avez-vous un si grand pied ?

— C'est, répondit-elle, pour avoir fait marcher le rouet
avec ce pied-là.

— Et vous, dit le prince à la seconde, d'où vient ce pouce
en forme de cuiller à pot ?

— C'est d'avoir tordu le chanvre en filant.

Quand le prince arriva à la troisième, il poussa un cri à la
vue de sa lèvre pendante :

— Pourquoi votre lèvre pend-elle ainsi ?

— C'est, répliqua la vieille, parce que j'ai mouillé le
chanvre avec ma lèvre, en filant.

Le fils du Roi fut si épouvanté des suites du filage au rouet, qu'il jura ses grands dieux que son épousée ne filerait plus jamais.

Et voilà comment la belle fille, qui n'avait jamais filé, gagna une couronne royale sans remuer ses dix doigts et fut encore, par surcroît, débarrassée de l'appréhension qu'elle avait d'être obligée de faire tourner un rouet. »

IV

LE TISSERAND

Au temps où le tissage mécanique n'était point connu, les tisserands étaient nombreux dans les campagnes. Les cultivateurs pauvres, qui ne possédaient qu'un bout de champ, joignaient l'industrie du tissage au travail de la terre, et occupaient ainsi fructueusement les journées et même les soirées d'hiver. Dans le coin le plus humide et le plus obscur de leur étroite maison, le métier de tisserand élevait sa massive et élémentaire structure. Tous les quinze jours, l'homme allait à la fabrique chercher son lot d'écheveaux de fil et regagnait son village, à la brune, tout courbé sous ce fardeau. Au bout de la quinzaine, il rapportait les pièces de toile tissées, touchait sa paye et rentrait avec une nouvelle charge de chanvre filé.

Dans les villes de fabrique, certains quartiers des faubourgs étaient entièrement habités par des familles de tisserands. Comme l'opération du tissage se fait mieux dans les endroits frais, les métiers étaient presque toujours installés dans les caves, et, du matin à la nuit, on entendait à travers les soupiraux le bruit strident des navettes et le halètement sec et sonore des battants. Ces caves, où tressaillaient sans cesse deux et parfois trois métiers, avaient une physionomie mystérieuse et inoubliable. — Le sol était le plus souvent fait de terre battue ; les murs nus et noirs n'étaient guère tapissés que de toiles d'araignée ; on y descendait par un escalier béant à fleur du trottoir, et le jour n'y pénétrait que par des carreaux verdâtres et poudreux. Aucun meuble, à l'exception du lourd métier qui avait servi à des générations d'ouvriers ; seule, parfois, une image d'Épinal représentant le *Juif errant* ou le *Bonhomme Misère* égayait de ses couleurs crues la froideur des murs suintants et noirs.

L'hôte de ce souterrain, le tisserand, avait lui-même une physionomie étrange, en harmonie avec ce maussade logis. Pâle comme tous les êtres qui vivent dans l'obscurité, les membres maigres et déjetés par l'habitude du métier lourd et incommode, il laissait volontiers croître ses cheveux et sa barbe, et, sous cette chevelure et ces poils embroussaillés, les

yeux brillaient d'un feu triste et fiévreux. Les tisserands
avaient l'aspect farouche, mais au fond ils étaient très honnêtes
et très bons enfants, à moins qu'ils ne fussent poussés à bout
par les exigences et les duretés de quelque patron. Je les ai
longuement pratiqués dans mon enfance; j'ai passé des heures
entières dans les caves, où m'attiraient l'étrangeté du gîte et
le mystérieux mécanisme du métier; nous avons toujours été
bons amis et j'ai gardé un excellent souvenir de leurs façons
douces et cordiales.

C'était aux environs de 1848. En ce temps-là les affaires
marchaient mal; le chômage des fabriques et la cherté
du pain mettaient la patience des tisserands à une rude
épreuve. En outre, des explosions révolutionnaires éclataient
en Europe, et les prédications socialistes, répercutées dans
les clubs de la province, pénétraient jusque dans les faubourgs des tisserands. C'était l'époque où Henri Heine écrivait pour les tisserands de Silésie ce chant sauvage, où l'on
entend gronder un si formidable cri de colère et de souffrance :

« Assis devant leur métier, ils chantent en grinçant les
dents :

« Vieille Allemagne, nous tissons ton linceul, nous mêlons
à notre tissu plus d'une malédiction. — Nous tissons, nous
tissons !

« Maudit soit le Dieu, le Dieu des heureux à qui nous
avons adressé nos prières dans les froides nuits d'hiver et
dans les longs jours de famine. Nous avons en vain attendu et

espéré ; il nous a trahis, trompés et bernés. — Nous tissons,
nous tissons !

« Maudit soit le roi, le roi des riches, dont nous avons en
vain imploré la miséricorde. Il a pressuré de notre poche le
dernier liard, et à présent il nous fait mitrailler comme des
chiens. — Nous tissons, nous tissons !

. . . .

« La navette vole, le métier craque. Nous tissons le jour,
nous tissons la nuit. Vieille Allemagne, nous tissons ton linceul, nous mêlons à notre tissu plus d'une malédiction. —
Nous tissons, nous tissons ! »

L'écho de ces revendications et de ces colères arrivait
comme un sourd bruit de tonnerre au fond des caves
humides où les métiers restaient oisifs, et parfois les tisserands, brusquement secoués par ces clameurs d'émeute,
désertaient le faubourg et accouraient sur la place publique,
agitant leurs bras maigres et écarquillant leurs yeux tristes,
mal habitués à la lumière du grand jour. Les quartiers
bourgeois tremblaient, rêvant déjà d'incendie et de pillage ;
mais il suffisait de l'allocution énergiquement paternelle d'un
administrateur sensé et intelligent pour calmer cette exaspé-
ration superficielle, et renvoyer, apprivoisés et résignés, mes
honnêtes amis les tisserands dans leurs caves obscures et
glacées.

Il fallait leur savoir gré de cette résignation, car c'est une
dure existence que celle du tisserand. L'aspect seul du lourd
et informe métier auquel il est lié nuit et jour, en dit long sur

LE TISSERAND

cette vie peineuse. Ce métier aux grossiers et frustes montants
de vieux chêne, que l'âge et la fraîcheur ont noircis, a une
physionomie tragique. Les leviers massifs que le pied
manœuvre, les lourds battants que la main rabat, les lisses de
laiton où les fils s'entre-croisent, le vol strident de la navette,
tout cela vous donne la sensation de quelque antique labeur
d'esclave. Avec de plaintifs craquements, cette pesante
machine

> ... tressaille et se débat sous la main qui la presse.
> Sans cesse l'on entend sa clameur et sans cesse
> La navette de bois que lance l'autre main,
> Entre les fils tendus fait le même chemin.
> Du métier qui gémit le tisserand est l'âme
> Et l'esclave à la fois : tout courbé sur la trame,
> Les pieds en mouvement, le corps en deux plié,
> A sa tâche toujours la même il est lié,
> Comme à la glèbe un serf. Les fuyantes années
> Pour lui n'ont pas un cours de saisons alternées ;
> Dans son caveau rempli d'ombre et d'humidité,
> Il n'est point de printemps, d'automne ni d'été ;
> Il ne sait même plus quand fleurissent les roses,
> Car, dans l'air comprimé sous ces voûtes moroses,
> Jamais bouton de fleur ne s'est épanoui.
> Les semaines n'ont pas de dimanche pour lui...

Avez-vous vu déjà, par une matinée d'automne, une de ces
grosses araignées qu'on nomme des *épéires diadèmes*, façonner
sa toile entre les pampres verts d'une vigne?... Elle monte et
redescend d'une tige à l'autre, va, vient, conduit ses fils de
manière à tracer dans l'air une sorte de polygone plane, du
centre duquel des rayons partent dans tous les sens ; puis

manœuvrant en spirale, elle attache à chacun de ces rayons bien tendus une série de fils concentriques, et finit par tisser une frêle et délicate rosace, chef-d'œuvre de légèreté et de grâce. Quand sa toile est ourdie, elle se place au centre et attend le passage de quelque mouche qui la paiera de sa peine. Parfois, surtout quand le temps est mauvais, la mouche se fait désirer, et la pauvre araignée reste pendant des journées entières à guetter la proie qui lui servira de subsistance et lui permettra de remplacer sa toile déchirée par la pluie ou le vent. La nature l'a placée dans une dure et désolante alternative : sans toile, point de mouche, et sans mouche point de substance indispensable à la sécrétion du fil ! — Cette araignée est la saisissante image du tisserand. Lui aussi doit tisser pour vivre, et si la faim lui creuse l'estomac, si le besoin débilite ses bras, adieu la manœuvre du métier ! La toile seule peut lui donner du pain, et sans pain il n'a plus la force de fabriquer sa toile... Horrible cercle vicieux ; horizon toujours le même et toujours désolant !...

Et de même que l'araignée ourdit par tous les temps cette œuvre d'art, cette rosace merveilleuse comme une guipure ; de même, le tisserand, dans la peine et l'angoisse, fabrique cette fine toile blanche où les heureux de ce monde s'endormiront dans de beaux rêves et feront de grasses matinées.

Hélas ! c'est *fabriquait* que je devrais dire, car le tisserand travaillant chez lui, au milieu de sa famille, n'existe presque plus. Les grands ateliers de tissage à la mécanique ont tué les petites industries locales, et nos neveux ne ver-

ront plus cette physionomie originale et mélancolique du tis-
seur de toile, se démenant des pieds et des mains, dans sa
cave, pour faire mouvoir le lourd métier à la plainte reten-
tissante.

V

LA LESSIVE

Voici encore une opération rustique qui n'est guère connue que lorsqu'on a habité la province. A Paris, on lessive à tout instant et à l'aide de rapides procédés chimiques. On fait une dépense considérable de linge blanc, on le salit vite et, comme on n'en amasse pas d'énormes provisions, on le renouvelle souvent. En province et surtout à la campagne, il n'en va pas de même. On met son luxe à posséder beaucoup de linge ; les nappes, les draps, les chemises, les taies d'oreiller s'entassent par nombreuses douzaines

dans les massives et profondes armoires ; on ne donne à la
blanchisseuse que le linge de corps et on blanchit le reste à la
maison. Aussi la lessive prend-elle l'importance d'un événement
solennel. C'est une des grandes cérémonies de la vie domestique.

Chez moi, on procédait deux fois l'an à cette opération
sacramentelle : à l'entrée du printemps et à la fin de l'automne.
Je me rappelle exactement ces deux dates, parce qu'elles coïn-
cidaient avec les vacances de Pâques et avec les vacances de
septembre. Elles ne se présentent à mon esprit qu'accompagnées de gais souvenirs de journées de congé, passées sur le
seuil de la buanderie à épier l'allumage du fourneau et les
allées et venues des lessiveuses. — Pendant des mois, on avait
emmagasiné les cendres de bois destinées au lessivage. Bien
longtemps à l'avance, on fixait la semaine où aurait lieu la
lessive et on retenait les laveuses et les repasseuses. Les hauts
greniers aux charpentes touffues étaient remplis de monceaux
de linge sale qu'on triait, après l'avoir tiré d'un vaste coffre
en bois de sapin, et que les servantes, pliant sous le faix,
emportaient à la buanderie.

La lessive, comme une comédie espagnole, comprenait
trois journées, trois actes bien distincts. — D'abord on *entas-
sait*. Dans le vaste cuvier ventru, on déposait par couches
serrées le linge de la famille, en arrosant d'eau froide les
couches successives ; puis, quand le cuvier était plein, on
étendait à la surface un drap de grosse toile, appelé le *cendrier*, et sur ce drap on répandait un lit épais de cendres de
bois. On laissait ensuite le tout dormir pendant une nuit.

LA LESSIVE

Le lendemain avait lieu le *coulage*. Dès l'aube, une ouvrière
spéciale, experte dans l'art de couler la lessive, arrivait dans
la buanderie, allumait des bourrées de sarment dans le fourneau, au-dessus duquel s'arrondissait la grande chaudière
pleine d'eau, et commençait, dès que le liquide était suffisamment chaud, à arroser les cendres du cuvier. L'eau, en
passant lentement à travers les cendres, leur prenait une partie
des principes alcalins qu'elles contiennent et, tamisée par le
cendrier, elle imbibait petit à petit et lessivait doucement
les couches de linge. Elle s'écoulait ensuite par la bonde
ouverte à la base du cuvier, était recueillie dans une seille
et reversée dans la chaudière, où un feu de fagots la main-
tenait à une température toujours égale. A la suite de ces
passages successifs à travers les cendres et le linge, cette
eau de lessive, douce et savonneuse, prenait une belle teinte
brune et exhalait une odeur ammoniacale tout à fait caractéristique.

Ce *coulage* de la lessive exige une science et une expérience très appréciées des ménagères. De même qu'on naît
rôtisseur, on naît lessiveuse. Les bonnes *couleuses* sont rares
et recherchées. Elles doivent verser le liquide sur les cendres,
avec méthode et sans précipitation. Elles sont obligées de
maintenir toujours l'eau de lessive à une température uni-
forme, et elles ont besoin d'un flair très exercé pour doser le
liquide et mesurer les intervalles qu'on doit laisser entre
chaque arrosage. Aussi, dans les ménages, garde-t-on pendant
des années la même lessiveuse, qui fait ainsi presque partie
de la famille.

La nôtre avait *jeté la lessive* pendant un quart de siècle chez mes grands parents. C'était une petite femme entre deux âges, alerte, bavarde, entêtée et despotique, mais aimable à ses heures, et je lui savais gré de me permettre de faire cuire des pommes de terre sous la cendre de son fourneau. J'aimais à passer mes journées en sa société, dans cette buanderie tiède, pleine de vapeurs alcalines, et où l'eau chaude coulait avec un glouglou sonore. — Jules Bastien-Lepage a, dans son œuvre, un petit tableau qui rend admirablement la physionomie du *coulage de la lessive*. — Du fond brun de la buanderie, le cuvier drapé du cendrier blanchâtre se détache dans la pénombre ; une jeune paysanne nu-tête se penche au-dessus du drap et examine les cendres humides qu'elle vient d'arroser ; au fond, une porte entr'ouverte laisse voir dans la demi-teinte l'intérieur d'une pièce contiguë. Cela est peint dans une gamme sobre de couleurs grises, brunes et bleutées, et c'est beau comme un Chardin ; il est regrettable qu'à la vente des œuvres du jeune maître lorrain, le Musée du Louvre ait laissé partir pour l'étranger cette merveilleuse petite toile que nous ne reverrons peut-être plus.

La journée du *coulage* est suivie de celle du *lavage*. Les laveuses, hotte au dos, viennent prendre le linge lessivé et elles le portent au lavoir, où il est savonné, foulé à coups de battoir, trempé dnas l'eau courante, rincé et tordu. Ces laveuses sont de rudes gaillardes aux robustes bras rouges, à la voix rauque, à la mine hardie. Elles sont fort effrontées et ont la langue bien pendue. Quand j'étais enfant, on leur don-

nait, pour cette besogne d'un jour, un franc, le café au lait et
le savon, — et elles les gagnaient bien !...

Quand le village est situé à proximité d'un ruisseau ou
d'une rivière, le lavage se fait en plein air ; au printemps,
sous les saules et les peupliers qui bourgeonnent; en automne,
parmi les feuilles jaunies que la bise d'octobre éparpille. Chaque
femme apporte avec elle une sorte de *bachot* carré, bourré de
paille à l'intérieur, sur lequel elle s'agenouille et dont le rem-
part de planches la garantit de l'humidité. Dans le Barrois, nos
laveuses appellent cet ustensile un *carrosse*. — Ce carrosse est
posé sur un lit de pierres, en arrière de la planche à savonner
dont le plan incliné trempe dans l'eau et sur laquelle la lavan-
dière rince son linge à coups de battoir. — Sur les bords du
lac de Genève et du lac d'Annecy, j'ai remarqué une tout autre
façon de procéder. Les laveuses, bras nus et jambes nues,
entrent jusqu'aux genoux dans l'eau et y installent une table
à hauteur d'appui, sur laquelle elles savonnent et battent le
linge qu'une camarade leur passe après l'avoir plongé dans le
lac. — Lorsque la commune est riche et qu'elle veut épar-
gner à ses administrées les désagréments du lavage en plein
air, sous la pluie et le vent, elle construit un lavoir abrité
d'un toit, et c'est là que les femmes du village viennent
s'installer pendant des après-midi entières, très occupées
à savonner leur linge, et aussi à donner de bons coups de
langue à travers la réputation de leurs voisins. Sur la mu-
raille blanche de l'un de ces lavoirs, au centre d'un village
de la Haute-Marne, je me rappelle avoir lu cette inscription
crayonnée à l'aide d'un morceau de charbon : *Café des Ba-*

27

vardes ; — et en effet il sortait de là un bruit de voix égrillardes et de propos salés, qui étouffait presque la rumeur des battoirs.

A mesure que le linge revient par hottées du lavoir, on l'étend, pour le faire sécher, sur les perches des vastes greniers, ou sur des cordes en plein air, quand le temps le permet. Je vois encore dans mon souvenir le jardin tout blanc de linges séchant au soleil. Il y en avait partout, sur les branches des pruniers, sur les haies de buis et d'aubépine ; le vent les faisait claquer et onduler comme des drapeaux ; le soleil les éclairait de sa lumière dorée ; toutes ces taches blanches mettaient des jonchées neigeuses dans la verdure. — J'entends encore le babil des plieuses et des repasseuses dans le grenier aux fenêtres large ouvertes. — Et cet éclat du linge sortant de la lessive, ces coups de soleil de printemps ou d'arrière-saison, ces bavardages d'ouvrières, s'envolant par les croisées comme des gazouillements d'oiseaux, sont restés parmi les plus fraîches impressions de ma petite enfance.

Une fois le linge repassé et plié, on l'enferme par piles dans ces profondes et hautes armoires de noyer ou de chêne, qui bientôt sont remplies de la base jusqu'au faîte. Entre les piles, les ménagères soigneuses glissent des plantes destinées à parfumer le linge. Tantôt ce sont des chapelets de racines d'iris qui sentent la violette, tantôt des brins de lavande, tantôt des bouquets de mélilot, — une petite fleur jaune qui répand une odeur de foin coupé. Les draps et les nappes, les chemises et les serviettes s'imprègnent de ces rustiques et subtiles senteurs, et quand plus tard on les déplie, tout ce linge lessivé à la maison exhale un parfum discret, pénétrant et sain, comme la vie domestique elle-même.

EN FORÊT

EN FORÊT

Voici la verdure profonde
Et frissonnante des forêts.
Plongeons-nous-y comme dans l'onde
D'un bain fortifiant et frais.

Sentiers où bleuit l'ancolie,
Sentiers herbeux fuyant sous bois,
Je redeviens jeune et j'oublie
Mes cinquante ans, quand je vous vois !

Ma chanson a trempé son aile,
O bois ombreux, dans vos ruisseaux,
Et si quelque charme est en elle,
Elle le doit à vos oiseaux.

Ainsi qu'une nourrice antique,
Dans un beau rêve traversé
De poésie et de musique,
La grande forêt m'a bercé.

La magnifique souveraine
Du vert royaume forestier
En tout temps prodigue à main pleine
Ses largesses au monde entier.

Elle nourrit l'homme et l'abreuve ;
Sans se lasser elle produit
La petite source et le fleuve,
La feuille, la fleur et le fruit,

Son ombre, quand l'été flamboie,
Rafraîchit et parfume l'air ;
Elle donne chaleur et joie
Aux foyers des maisons, l'hiver,

S'il faut qu'un jour la forêt meure,
La terre perdra son orgueil
Et sa beauté ; — ce sera l'heure
Suprême du vieux monde en deuil.

I

LA VIE INTIME DE LA FORÊT

LES gens qui se bornent à visiter la campagne pendant la période comprise entre mai et octobre, s'imaginent volontiers que la forêt n'est vraiment belle que lorsqu'elle est couverte de feuilles. Mais les peintres, les chasseurs et en général ceux qui parcourent les bois en toute saison, savent qu'il n'en est rien. L'hiver nous révèle un autre aspect de la nature sylvestre, où il y a une grandeur plus sévère, une coloration plus fine et plus sobre, un recueillement plus mystérieux. — Le poète Lenau prétendait qu'une

montagne n'est vraiment belle que lorsqu'elle est chauve ;
on peut dire aussi que pour juger de la vraie beauté d'un
grand arbre, il faut le voir quand il a perdu ses feuilles. Une
fois son vêtement tombé, il se montre dans la puissante ordon-
nance de son architecture. Nous pouvons admirer à loisir
l'élancement hardi de son fût, la robuste armature de ses
branches et mieux saisir l'ensemble caractéristique de sa per-
sonnalité. — Le hêtre nous montre alors pleinement la svelte
rondeur de sa colonne argentée et l'élégante retombée de ses
fines ramures ; — le chêne, la forte membrure de son ronc
noueux, et l'attitude dramatique de ses branches rageuses,
noires et farouches ; — le bouleau, la grâce abandonnée de
sa tige à l'écorce de satin et de ses brindilles flottantes.

La coloration des bois en hiver, pour être moins éclatante,
n'en est pas moins merveilleuse. Quelle variété et quelle
richesse dans les tons neutres et fins ! — le gris argenté ou le
noir bistré des écorces, le vert velouté des mousses, le vert
lustré du houx, le vert brun des ronces, l'or fauve de certains
lichens, la rousseur tannée du feuillage desséché des chênes,
la marbrure des lierres, l'ivoire jauni des tiges sèches des graminées. — Les feuilles ne sont plus là-haut dans les arbres,
mais elles sont toutes à terre ; elles forment une jonchée
épaisse, doucement bruissante, aux teintes passées, assourdies
et rompues comme celles d'un vieux tapis d'Orient, et où l'on
peut néanmoins encore distinguer à quelle espèce chaque
débris appartient. On y retrouve le jaune paille des feuilles de
sycomore, le blanc soyeux des feuilles de saule ou d'érable,
le rouge vif de celles de l'alisier, l'aurore safrané de celles du

bouleau, les tons cuivrés ou violacés de la dépouille des hêtres et des châtaigniers. Allez, par une givreuse matinée de décembre, reposer vos pieds sur cet immense et fauve tapis qui se prolonge à perte de vue, et d'où se détachent en noir les arbres de la futaie, vous jouirez d'un spectacle éblouissant : — sur le bleu lilas du ciel clair, les milliers d'aiguilles qui diamantent chaque branche, scintillent et s'irisent en plein soleil ; les feuilles elles-mêmes qui jonchent le sol, sont poudrées de glacis bleuâtres, et, dans l'air sonore, de menues poussières de givre voltigent comme les petites âmes blanches des fleurs futures.

Retournez au même endroit après les pluies de février, quand la forêt lavée par le dernier dégel est tout humide et frissonnante encore ; — quand les bourgeons commencent à se gonfler et que les chatons des noisetiers balancent déjà leurs jaunes filigranes, et si c'est vers le soir, vous aurez de nouveau une réjouissante fête des yeux. Le ciel, au soleil couchant, se teint de vives couleurs de carmin et d'or mat, sur lesquelles s'enlèvent en masses d'un violet noir les futaies ensommeillées. Çà et là, un dernier rayon plante une flèche d'or dans le fouillis sombre des branches, tandis qu'à la surface des étangs et des prairies inondées, des vols de canards sauvages planent avec des cris plaintifs.

Car, ne vous figurez pas que, pendant cette saison hivernale, la forêt soit condamnée au silence. Dans ce décor sévère et grandiose, des acteurs originaux vivent et se meuvent incessamment. Dès le matin, le bois retentit du heurt des cognées et des appels des bûcherons ; ici, les ébrancheurs escaladent, serpe en main, les arbres les plus élevés ; là, les fourneaux

des charbonniers jettent leurs vives lueurs et répandent leur
âcre fumée. Dans les profondeurs les plus retirées, au fond
des combes lointaines, il y a des hôtes remuants et familiers.
A chaque instant, les sentiers sont traversés par un campa-
gnol qui se fraie une route parmi les feuilles sèches ; à l'extrémité d'une tranchée, si vous marchez avec précaution, vous
pourrez apercevoir, debout sur leurs jambes fines et le nez au
vent, un chevreuil et sa chevrette qui dressent les oreilles et
brusquement disparaissent dans le fourré.

Les oiseaux de l'été eux-mêmes n'ont pas tous émigré.
Les plus petits sont bravement restés en plein bois. Ils
animent de leur turbulence et de leurs cris la solitude des
grands massifs. Le roitelet à crête aurore, le troglodyte brun
voltigent à travers les ronciers sans se soucier de la gelée ni
des frimas, et, dès que les pluies de février ont fondu la neige,
le merle noir cherche la place de son nid et siffle gaiement
pour annoncer l'approche du renouveau.

Il arrive, en effet, au milieu d'une alternance de giboulées
et de soleil, souriant à travers le givre et l'ondée ; un frisson
court dans la forêt, un frisson humide et printanier. Les cimes
des tilleuls rougissent et les cornouillers se mettent à fleurir ;
les arbrisseaux se hasardent à déplier leurs premières feuilles
vertes, et dans les fonds, la daphné joli-bois ouvre ses corolles
roses. Avec avril, tout part : les anémones blanches s'épa-
nouissent au milieu des feuilles sèches ; les ficaires, les pri-
mevères sèment d'étoiles jaunes la terre noire, et les faux nar-
cisses penchent leurs godets d'or mat au-dessus des ruisseaux.
Tout verdoie : trembles aux feuilles blondes, noisetiers aux

frondaisons épaisses, charmes et hêtres aux verdures tendres;
et, dans le grand bois, par touffes, par larges plaques d'un vert
vigoureux, la double feuille des muguets se pare d'une aigrette
de clochettes d'un blanc laiteux et parfume l'air.

Avec l'éclosion des muguets la forêt s'anime. Des troupes
de femmes et d'enfants s'éparpillent dans la futaie et, accroupies sous les arbres, moissonnent en hâte ces grappes de fleurettes odorantes pour en faire des bouquets qu'elles iront
vendre au marché. Les gens de la ville sont friands de ces
muguets qui apportent dans leurs chambres sombres un peu
du parfum et de l'enchantement des grands bois. Les grosses
bottes de ces fleurettes se paient jusqu'à dix sous, et pour bien
des pauvres familles du village, dix sous sont une aubaine.
Aussi, dès l'aube, femmes et filles ayant revêtu leur plus mauvaise jupe, rôdent-elles à travers les fourrés pour récolter le
muguet. Elles se mettent les pieds et les mains en sang, en
traversant les ronciers; le soleil leur brûle la nuque et le dos;
parfois une soudaine giboulée les trempe jusqu'à la peau. Mais
elles vont toujours, acharnées à leur cueillette. Le parfum des
fleurs, la chanson des oiseaux, la féerie de la forêt enguirlan-
dée et reverdie, tout cela leur est indifférent; elles ne pensent
qu'au gain de la journée. Elles rentrent le soir dans leur village, vannées, courbaturées, fourbues, mais serrant dans leurs
mains les sous qu'elles ont gagnés à la sueur de leur front.
Et tandis que, là-bas, dans les maisons de la ville, les bourgeois, les poètes et les amoureux respirent avec volupté
l'odeur des muguets de mai, les cueilleuses de bouquets s'endorment lourdement en songeant à recommencer le lendemain.

A mesure que l'on approche du mois de juin, la forêt redouble ses enchantements. Toute la riche et plantureuse floraison de l'été s'y épanouit dans la pénombre : — les ancolies bleues y balancent leurs corolles pareilles à des bonnets de Folie ; les épis laiteux de la Vierge y montent sveltes et minces à côté des orchidées aux fleurs bizarres. Il fait presque nuit sous les retombées des hêtres qui entre-croisent leurs branches, et, dans cette nuit, des gouttes de lumière pleuvent sur la terre noire où les fougères étendent leurs feuilles en éventail ; puis cette obscurité fraîche est soudain coupée par de grandes tranchées herbeuses qui s'enfoncent à perte de vue dans le massif forestier. Là, les menthes et les centaurées poussent dans les ornières humides ; les hêtres géants y versent une ombre salubre ; la haute grive y chante sa chanson alerte et sonore ; les guignes, les fraises et les framboises sauvages y rougissent dans la verdure.

La forêt est pour ses enfants et ses voisins une bonne mère nourricière. Plus d'un village forestier vit presque toute l'année des produits récoltés dans les bois. Dans certains hameaux de la forêt d'Argonne, pendant la saison des fraises et des framboises, les femmes forment toutes une association : dix ou douze des plus adroites et des plus accortes se transportent pour six semaines dans les villes les plus voisines ; les autres vont au bois cueillir fraises et framboises, et chaque soir une voiture conduit à la ville la récolte du jour, pour y être vendue au profit de l'association. — Après la cueillette des framboises et des cerises sauvages, vient celle des noisettes. « A la sainte Madeleine, dit le proverbe, noix et noisettes sont

LA CUEILLETTE DU MUGUET

pleines. » Aussi les enfants ne s'en font pas faute. Août et septembre les voient s'éparpiller dans les taillis, retroussant
chaque branche de coudrier pour en détacher les fruits
jumeaux encapuchonnés dans leur verte enveloppe déchi-
quetée. Les filles et les garçons en bourrent leurs poches, les
femmes en emplissent des sacs de toile et les gardent comme
provision pour les veillées de l'hiver. La forêt, à mesure que
l'automne approche, devient de plus en plus libérale. Non seulement son *fruitier* est bien garni, mais son *potager* foisonne
d'un végétal plus nourrissant : je veux parler du champignon.

Les pluies ont détrempé le sol ; sous les grands couverts
la population étrange des cryptogames pousse et grandit en
une nuit. Toutes les variétés de champignons sont là dissé-
minées, soulevant les feuilles sèches, dominant les touffes
d'herbe, sertissant les troncs d'arbres. Il y en a de toute forme
et de toute nuance : gros chapeaux bruns et bossués, frêles
parasols gris, larges coupes blanchâtres retenant dans leur
creux l'eau de la dernière ondée, mitres d'évêque d'un
jaune chamois, branches fines ramifiées et roses comme des
coraux, boules neigeuses et gonflées. — Les agarics, les
bolets, les chanterelles et les clavaires y poussent en abondance ; seulement il faut ouvrir l'œil et y regarder de près ;
l'ivraie se trouve à côté du bon grain, et malheur à l'impru-
dent qui, trompé par une perfide ressemblance, tombe sur un
champignon vénéneux !... Chaque espèce comestible a presque
toujours un sosie qui végète dans le voisinage. Ainsi le *cèpe*,
ce savoureux bolet, auquel son chapiteau brun et enfumé a
valu le surnom de *charbonnier*, a pour cousin germain le *bolet*

meurtrier. Tous deux présentent au début les mêmes apparences de forme, de taille et de couleur ; toutefois, le cèpe
comestible a le dessous couleur crème, la chair blanche, cas-
sante et sentant la pomme, tandis que son parent, l'empoi-
sonneur, est rougeâtre en dessous ; il verdit quand on le casse
et il exhale une odeur nauséeuse. De même, l'*oronge*, ce royal
champignon, jaune comme un soleil, a pour sœur redoutable
l'amanite *fausse oronge* dont le chapeau rouge est couvert d'une
lèpre blanche. — Le mousseron, hôte des taillis de coudriers,
a également pour ménechme l'*agaric nébuleux* qui ne vaut pas
cher et qui est la caricature du premier.

Les bûcherons et les charbonniers, qui font du champignon
leur principale nourriture, ne se laissent pas abuser facilement par ces demi-ressemblances. Leur longue expérience les
met à l'abri des méprises. Il n'en est pas de même des enfants
et des femmes, qui, pour avoir vu une fois un bolet ou un
agaric comestibles, croient le reconnaître en rencontrant un
faux frère, et rapportent à la maison des panerées de champignons où s'est glissé plus d'un individu suspect. Aussi chaque
année, dans les pays forestiers, cite-t-on quelque accident
mortel dû à l'ingestion d'un cryptogame vénéneux.

Heureusement, il existe des espèces innocentes, avec lesquelles il n'y a pas de danger possible. — Ce champignon d'un
jaune d'or, au chapeau coquettement retroussé et frisé, est la
chanterelle ou *gyrole*, connue vulgairement sous le nom de
chevrette ; celui-ci, tantôt gris perle, tantôt rose saumon, qui
ressemble à une touffe de coraux, c'est la *clavaire* ou *menotte*.
Voici le *lactaire doré,* dont les fines lamelles laissent transsu-

der une liqueur ambrée ; — l'agaric *élevé* ou *colmelle*, avec sa
bague et son parasol ; — l'*helvelle*, dont le chapeau a l'air
d'une mitre d'évêque, et non loin, la tribu des *hydnes*, au
pied excentrique, à l'odeur d'abricot, au chapeau jaune chamois, garni en dessous de centaines d'aiguilles verticales. —
Toutes ces espèces, ainsi que le mousseron blanc à dessous
rose (*agaric des pâtis*), sont d'une innocuité certaine et
peuvent servir à composer un plat à la fois nourrissant et délicieux. Assaisonnez-les au beurre, avec des feuilles d'*oxalide*
en guise de fines herbes, une pointe d'ail, quelques gouttes de
jus de citron ; mouillez-les avec de la crème fraîche, et,
comme dit Brillat-Savarin, « vous verrez merveille ! »

En même temps que les champignons de toute espèce
peuplent la futaie et les taillis, les hêtres se couvrent de
faînes. Les faînes sont enfermées dans des capsules rougeâtres
et rugueuses, qui mûrissent fin septembre, à peu près à la
même époque que les bogues piquantes des châtaignes ; ces
capsules s'ouvrent et laissent choir leurs graines brunes et
triangulaires qui tombent avec un bruit sec et jonchent le sol
tout à l'entour. Alors les bois sont en rumeur : femmes,
vieillards, enfants, accourent des villages voisins pour récolter
la faîne. On étend sous chaque arbre de grands draps blancs,
on secoue les branches à coups de gaule et les graines pleuvent
comme une averse. La faîne est très savoureuse. Nos paysans
en font de l'huile en soumettant les amandes, enfermées dans
des sacs de toile neuve, à de hautes pressions. Cette huile,
extraite à froid, vaut l'huile d'olive ; elle a l'avantage de se
conserver pendant des années sans perdre de sa qualité, et elle

sert à confectionner des fritures fines, dorées, affriolantes.

La récolte des faînes est particulière à nos forêts du nord-
est. Dans les bois des environs de Paris, daṇs les forêts du
sud-est, du centre et de l'ouest, c'est surtout la châtaigne qu'on
recueille à la même époque. Pour les départements entiers, la
châtaigne constitue le fond de la nourriture des paysans. On
en exporte de grandes quantités. Les châtaignes de la Savoie,
connues sous le nom de *marrons de Lyon*, sont les plus grosses
et les plus appréciées. Ce bruit mat des châtaignes tombant sur
la mousse dans les brumeuses matinées d'octobre est une de
mes premières impressions d'enfant. Elles roulaient à mes pieds
dans les bois de Marly, tandis qu'à travers les cimes jaunies,
à demi effeuillées, le ciel d'un bleu pâle souriait et qu'au loin
on entendait les cris des vendangeurs parmi les vignes.

C'est aussi à ce moment qu'on mène les porcs à la glandée
dans les forêts de chênes. Sous l'influence des premiers froids,
les glands se détachent de leur capsule grise et rebondissent sur
le terrain pierreux. Leur amande styptique et amère est fort appréciée des *gorets* qui s'en gavent et s'en engraissent à vue d'œil.

A l'entrée de l'arrière-saison, la forêt semble devenir
encore plus maternelle et elle achève de vider pour les gens
et pour les bêtes sa pleine corne d'abondance. Les prunelles
bleuissent dans les halliers ; les pommes et les poires sauvages
étalent leurs fruits âpres, d'un vert pâle, au milieu du feuillage
rougissant des sauvageons. Les baies des cornouillers, semblables à des olives vermeilles, achèvent de mûrir à côté des
épines-vinettes cramoisies, et, du haut des alisiers, pendent
les bouquets bruns des alises, pareilles par le goût et la cou-

leur à de petites nèfles. Les gelées blanches d'octobre permettent à tous ces fruits de blossir et leur donnent une saveur
plus douce. C'est la saison préférée des grives, des merles et
des rouges-gorges. Ils s'abattent par bandes sur le *fruitier* de
la forêt, et quand ces baies astringentes leur ont trop asséché le
gosier, ils vont par volées se désaltérer aux sources qui
glougloutent dans le voisinage. Par malheur, ils y trouvent
aussi les gluaux, les reginglettes et les lacets tendus par les
chasseurs d'oiseaux, et alors gare la poêle et la rôtissoire !

Feuille à feuille les bois se dépouillent et voici que, haut
dans le ciel, les vols de halbrans annoncent la venue de l'hiver.
Sautillant de branche en branche, dans les hêtres et les coudriers, les écureuils se hâtent de glaner les dernières faînes et
les dernières noisettes pour leur provision hivernale. Pendant
l'été de la Saint-Martin, on entend encore leurs gloussements
et leurs grignotements interrompre le silence de la forêt déjà
à demi ensommeillée, sous les blancheurs du givre précurseur
des grandes neiges.

II

LA COUPE DES BOIS

La forêt ressemble en plus d'un point à la société humaine ; elle a une aristocratie, une bourgeoisie et un menu peuple ignoré : — des arbres de noble essence que tout le monde connaît, de nom du moins, et des espèces plus humbles que presque personne ne remarque. Les grands seigneurs de la forêt sont le sapin, le chêne, le hêtre, le châtaignier ; mais à côté de ces races princières, il y a le peuple

30

des arbres et arbrisseaux, dont les physionomies sont aussi originales, bien que moins connues.

Il y aurait de curieuses monographies à écrire sur ces essences secondaires qui abondent dans nos bois et qui toutes ont des mœurs et des usages bien différents. Le dénombrement seul de ces espèces diverses n'est pas suffisant. Il faudrait noter au passage et d'un mot bien caractéristique la physionomie et les façons de vivre de chaque individu : — il y a le charme aux feuillées légères, aux nodosités élégantes, aux branches sveltes et rameuses ; — le frêne au bois dur, au fût élancé, aux feuilles ailées où viennent bourdonner les cantharides ; — le tremble et le bouleau à l'écorce lisse ou satinée, au feuillage nerveux et sans cesse en mouvement ; — l'érable et le syco-more, deux cousins germains aux feuilles lobées, à l'écorce facilement caduque, au bois précieux pour la menuiserie ; — le tilleul, aimé des abeilles, à l'écorce souple, aux fleurs embau-mées et aux feuilles mielleuses ; — l'aulne et le saule, rive-rains des eaux courantes ; — le coudrier à l'ombre saine et touffue ; — l'allouchier, aimé des grives ; — le sorbier, pré-féré par les bouvreuils et les merles ; — le houx et le buis, durs, résistants et toujours verts ; — le merisier ou bois de Sainte-Lucie, aux rameaux odoriférants...

Toutes ces essences sont bien connues des forestiers, qui tiennent grand compte de leurs qualités et caractères diffé-rents, quand il s'agit de la culture ou de l'exploitation des bois.

D'après les règles de la sylviculture, les forêts doivent être exploitées à mesure que les bois arrivent à leur maturité.

Cette maturité s'annonce par des signes extérieurs que l'œil exercé du forestier saisit promptement. Lorsque les pousses annuelles sont fortes et allongées, que le feuillage est abondant et large, l'écorce unie, les jeunes branches souples, on en conclut que le taillis continue à croître en grosseur et en hauteur ; mais lorsque les pousses n'allongent plus les branches que de la longueur du bourgeon, il n'y a presque plus d'accroissement en hauteur ni en diamètre, et le bois est arrivé à sa maturité naturelle. L'inclinaison des branches vers l'horizon fournit également des indices assez sûrs dans les arbres isolés. On assure, par exemple, qu'un arbre est dans toute sa force quand ses branches décrivent un angle de 40 à 50 degrés, et qu'il décline, lorsque les angles s'abaissent à 70 degrés. En outre, l'âge ou la maturité des arbres forestiers et surtout du chêne, se reconnaît à une fécondité particulière et exceptionnelle : *In senecta*, disait Pline, *fertillissimæ glandiferæ*. — Lorsque tous ces indices sont réunis, on peut affirmer que l'arbre ne s'accroîtra plus et qu'il est mûr pour l'exploitation.

La saison la plus favorable pour la coupe des bois est le commencement de l'hiver, c'est-à-dire le temps où la sève semble s'endormir. Sur ce point, la science et la tradition sont d'accord ; aussi les anciens règlements forestiers défendaient-ils aux adjudicataires des *ventes* de couper aucun bois dans les forêts « en temps de sève, savoir depuis la mi-mai jusqu'à la mi-septembre ». Encore aujourd'hui, l'adjudication des coupes de bois a lieu à la fin de septembre, et l'exploitation des coupes adjugées commence généralement avec l'hiver.

Lorsque l'adjudication est terminée, chaque adjudicataire

s'occupe des moyens les plus expéditifs d'exploiter la coupe ou la *vente* qui lui a été adjugée. Dès qu'il a embauché les ouvriers nécessaires à l'abatage des bois : ébrancheurs, coupeurs, fagoteurs, — dès qu'il a fait commissionner le garde-vente préposé à la surveillance des travaux, la coupe commence. Les bûcherons embrigadés par *ordons* arrivent sur la *vente* et se mettent en mesure de procéder à l'abatage des arbres pour l'exploitation.

La première opération des bûcherons, — quand le canton exploité se trouve à une trop grande distance des villages et que les coupeurs ne peuvent regagner chaque soir leur logis, — consiste à édifier une hutte destinée à abriter les hommes et les outils. Cette hutte ou loge, dont l'emplacement est désigné par l'administration forestière, affecte généralement une forme conique; elle est confectionnée avec des pieux et des branchages entrelacés; le tout est revêtu à l'extérieur de mottes de terre gazonneuses, sur lesquelles la pluie glisse, et qui mettent les dormeurs à l'abri du vent et de l'humidité. A l'intérieur, deux lits de camp, surélevés au-dessus du sol, et recouverts de mousse, de paille et de fougère, servent de couche aux bûcherons; entre ces deux litières est ménagé un espace vide, perpendiculaire à la porte d'entrée, c'est dans cet espace étroit, que les ouvriers cuisinent leurs repas et le mangent. — Le jour de l'édification de la loge est un jour de chômage. On fête la nouvelle habitation en avalant force rasades de vin et surtout d'eau-de-vie; de sorte qu'à la tombée de la nuit, le chantier tout entier est fortement éméché, et que les hommes s'étendent à moitié ivres sur le sol même de la

LA COUPE DES BOIS

coupe future. Mais le lendemain commence le branle-bas du travail. Le garde-vente ne plaisante pas ; il faut se mettre à la besogne et cogner dur, bien qu'on ait la langue épaisse, le dos courbaturé et les jambes raides. — Elle est rude, la besogne du bûcheron. D'après les ordonnances forestières, les bois doivent être coupés à la cognée et le plus près de terre possible ; l'usage de la serpe ou de la scie est formellement prohibé ; les étocs ou souches doivent être ravalés rez terre, nettement, et légèrement en talus, de façon à empêcher le séjour des eaux de pluie qui pourriraient la souche.

Quand il s'agit surtout des grands arbres, cette besogne de l'abatage exige une sérieuse force musculaire, un coup d'œil sûr et surtout une longue expérience. Un maître bûcheron, connaissant bien son métier, doit déterrer le pied de l'arbre d'environ douze à dix-huit pouces, et le mettre à terre « comme s'il lui avait donné un seul coup de rasoir ». — Rien de plus dramatique et de plus émouvant que la chute d'un hêtre ou d'un chêne de haute futaie. Les coups répétés de la cognée laissent d'abord le grand arbre impassible et hautain ; les bûcherons redoublent d'efforts et par moments le fût tressaille et frissonne de la base à la cime, comme une personne vivante. On comprend alors toute l'énergique vérité de la comparaison de Sophocle, lorsqu'il dit qu'Égisthe et Clytemnestre ont tué Agamemnon « comme des bûcherons abattent un chêne ». L'acier de la hache fait voler en éclats l'écorce, l'aubier et le cœur du bois, mais l'arbre a repris son impassibilité et subit stoïquement l'assaut des coupeurs. A le voir toujours droit et superbe dans l'air, on se dit qu'il ne tombera jamais.

Tout à coup les bûcherons reculent ; il y a un moment d'attente
terriblement solennel, puis brusquement l'énorme fût oscille
et tombe à terre avec un tragique fracas de branches brisées.
Une rumeur pareille à une lamentation court à travers la forêt
brumeuse, puis tout redevient silencieux, et, avec une émotion inconsciente, les bûcherons contemplent le géant couché
sur le sol.

Alors commence l'opération de l'ébranchage. Les maî-
tresses branches, sciées, sont destinées à la menuiserie ou au
chauffage, suivant leur grosseur et leur état de santé ; les
menues ramilles servent pour le fagotage. Parfois, quand on
veut obtenir des ramures entières, non endommagées par le
bris de la chute, on ébranche l'arbre sur pied. Un ouvrier,
chaussé d'éperons pointus, ayant en main une corde à nœud
coulant, grimpe à l'arbre, en s'aidant des éperons qu'il enfonce
dans l'écorce, des genouillères de cuir dont ses jambes sont
revêtues, et de la corde qu'il attache aux branches à mesure
qu'il s'élève. Tout en grimpant, il s'arc-boute à un nœud, se
suspend à sa corde, et abat les ramures à coups de serpe.
C'est un métier dangereux, plein de risques. Pour l'exercer, il
faut avoir la souplesse d'un écureuil et ramper autour des
troncs avec la dextérité d'un pic-épeiche ; — il faut surtout
avoir la tête solide. Quand l'ébrancheur s'est hissé au faîte de
l'arbre, afin de le découronner de ses derniers rameaux, le
moindre vent le berce sur cette cime devenue flexible et cra-
quante. Au-dessus de lui, il voit fuir les nuages ; au-dessous,
il voit onduler à perte de regard les nappes verdoyantes ou
jaunissantes de la forêt. Si le vertige le prend ou si une branche

qu'il croyait solide vient à se briser sous ses pieds, c'est fait de lui et il est précipité tout sanglant sur le sol. — De pareils accidents arrivent quelquefois ; mais malgré les peines et les risques du métier, les ébrancheurs aiment cette aventureuse profession et se plaisent à passer ainsi une bonne partie de leur vie entre ciel et terre.

Quand l'exploitation est terminée, les bois abattus sont divisés en deux catégories ; ceux qui sont destinés à la charpente et à la menuiserie, et ceux qui sont réservés au chauffage. Ces derniers, *rondins* ou *fendus*, sont empilés et emmétrés sur le terrain même de la coupe ; les brins plus menus destinés au charbonnage sont rangés à part, ainsi que les fagots confectionnés par les fagoteurs. Quant aux bois de charpente, ils sont transportés en entier, et encore revêtus de leur écorce, au moyen de fardiers auxquels les énormes troncs de hêtre, de sapin ou de chêne sont fixés au-dessous de l'essieu par des chaînes ou des câbles. Souvent les grosses pièces sont débitées sur place à l'aide de la scie, et dans ce cas les scieurs de long établissent leur chantier dans la coupe. Quand la forêt est traversée par des cours d'eau, le sciage est fait à la mécanique, et des scieries permanentes dressent au-dessus des torrents leurs bâtiments de planches et leur manivelle que met en mouvement une roue, sur laquelle l'eau courante s'éparpille en pluie. Rien de plus pittoresque que ces rustiques scieries, chevauchant le ruisseau, ombragées par une lisière de forêt et envoyant au loin leur bouillonnement d'eau, leur strident bruit de scie, leur aromatique odeur de planches fraîchement coupées...

Lorsque les forêts n'ont pas de pentes trop abruptes, lorsqu'elles sont percées de bonnes routes, la *vidange* de la coupe, c'est-à-dire le transport des bois hors du chantier, s'effectue facilement à l'aide de charrettes. Mais dans la montagne, les cantons exploités se trouvent fréquemment situés sur des pentes dont la déclivité ne permet pas le voiturage. En ce cas, les bois sont lancés jusqu'au fond de la vallée par des *couloires* presque perpendiculaires, où ils dévalent rapidement. C'est le mode le plus élémentaire, en usage notamment dans les Alpes et les Pyrénées. Mais dans les pays plus industrieux, on pratique, de la coupe jusqu'à la route qui serpente au fond de la gorge, des chemins à plan très incliné, formés par des rondins assujettis à des traverses. Sur ces tramways élémentaires, des traîneaux chargés de piles de bois glissent lentement, conduits par un seul homme qui modère la vitesse du traîneau en s'y adossant et en s'arc-boutant lui-même aux rondins de la pente, à mesure qu'il en descend les degrés. — C'est l'industrie des *schlitteurs*, très en usage dans les Vosges et en Alsace.

Il y a enfin un dernier mode de charroi dont je dois parler ici ; mais celui-ci est fort mal vu de l'administration forestière, car il est surtout pratiqué par les ramasseuses de bois mort et les délinquants : je veux parler du transport du bois à dos d'homme.

De tout temps, parmi les populations riveraines, il a été admis que la forêt devait nourrir le village. En effet, sous le régime féodal, il était arrivé fréquemment que les seigneurs avaient cédé bénévolement aux communes, ou aliéné en échange de certains services, de nombreux droits d'usage dans les

forêts leur appartenant : — droits d'affouage et de charron-
nage, droits de glandée et de vaine pâture, droits de grurie et
de ramassage des fruits forestiers, du bois mort et des feuilles
mortes. Lorsque, après la promulgation du code forestier,
l'administration prit en main la régie des forêts, elle commença par reviser sévèrement tous ces droits d'usage et par
les réduire le plus strictement possible.

Parmi ces usages enlevés aux communes par les règlements forestiers, celui qui tient le plus au cœur des paysans
riverains des forêts est le ramassage du bois mort. C'est en
effet la ressource des pauvres diables qui comptent sur cette
aubaine pour se chauffer pendant la saison d'hiver. Aussi,
malgré la loi et les gardes, cette récolte se fait-elle journelle-
ment. L'administration elle-même se montre indulgente sur
ce point et ferme les yeux ; elle n'est implacable que lorsqu'il
s'agit du bois vert. Aussi, dès que l'arrière-saison arrive,
rencontre-t-on par les sentiers des bois plus d'un vieillard ou
d'une femme, traînant sur son dos une charge de branches
mortes, et cheminant les reins courbés vers le prochain village. Les ramasseuses de bois mort sont aux bûcherons ce
que les glaneuses sont aux moissonneurs. Elles rôdent à travers la forêt dont elles connaissent les moindres détours. On
les voit apparaître surtout après les journées ou les nuits de
tempête, quand les grands vents d'octobre ont jonché de débris
le sol forestier. Parfois, il faut bien l'avouer, elles aident à la
transformation du bois vert en bois mort. Un coup de serpe
est bien vite donné dans une cépée ; on laisse le bois vert ainsi
abattu se dessécher dans le taillis, puis on repasse quinze jours

après et on ramasse sans le moindre remords cette branche
devenue inutile.

D'autres rôdeurs, ayant moins de préjugés encore, cou-
pent sans façon un brin vert de belle taille et le glissent dans
leur fagot où il disparaît au milieu de branches mortes. Mais
les forestiers ouvrent l'œil. Au moment où le délinquant quitte
sournoisement la forêt, un garde qui tombe brusquement sur
le dos, le force à délier son fagot, constate la présence du bois
vert et dresse procès-verbal après avoir confisqué le corps
du délit, malgré les lamentations du fagoteur.

Les délinquants de cette espèce sont assez nombreux, mais
les petits vols honteux qu'ils commettent ne portent pas
grand préjudice à la forêt. La bête noire du garde est surtout
le délinquant *d'habitude*, celui qui fait de l'enlèvement illicite
du bois une industrie et un commerce. Ce ravageur de forêt
exerce sa profession nuitamment et audacieusement. Il arrache
par centaines les jeunes plants pour les revendre ; il coupe les
plus beaux brins de cornouiller, de houx, de néflier sauvage
pour en faire des manches de fouet ; il fracasse sans pitié les
baliveaux et ne respecte pas même les *anciens*. Ajoutez à cela
qu'il cumule, et qu'au métier de délinquant il joint celui de
braconnier. Familier des bois, il connaît toutes les enceintes
où se remise le gibier, toutes les coulées où il passe. — Il
chasse indifféremment la petite et la grosse bête, la plume et
le poil : non pas à coups de fusil, ce qui mettrait trop facilement les gardes sur sa trace ; mais à l'aide de bons collets de
crin ou de laiton. J'en ai connu un qui fabriquait si industrieu-
sement ses engins, qu'il prenait des cerfs au collet, et qu'un

jour un cheval errant à travers bois alla s'étrangler bel et bien
dans un maître nœud coulant de laiton, tendu par cet enragé
braconnier. Les gardes avaient beau dresser contre lui des
montagnes de procès-verbaux, il se riait d'eux et de leurs écri-
tures. Le tribunal le condamnait, mais comme il n'avait pas de
mobilier saisissable et qu'il gîtait dans les bois, il ne s'en sou-
ciait guère. Parfois les gendarmes le pinçaient ; il allait coucher deux mois en prison, puis il revenait bien vite reprendre
sa vie de vagabondage. Un jour d'hiver, on le trouva mort dans
une combe où il avait tendu ses collets. Il s'était enivré la
veille, avait été saisi par le froid et une congestion l'avait tué
raide en pleine forêt.

III

LES INDUSTRIES FORESTIÈRES

CHARBONNIERS, SABOTIERS, BOISSELIERS

Les délinquants et les braconniers ne sont pas, fort heureusement, les seuls industriels qui vivent de la forêt et y exercent leur profession, le jour et la nuit. Les bois donnent le vivre et le couvert à des métiers plus utiles et plus honnêtes. Au premier rang, parmi ces travailleurs de la futaie, sont les charbonniers.

La fabrication du charbon de bois est sans contredit l'une des plus importantes industries forestières. Elle s'exerce hiver

comme été, et le charbonnier passe presque toute sa vie sous
les grands couverts. La plupart du temps, il est né dans la
forêt, il y a grandi, il s'y est marié et il y a lui-même fondé
une famille ; — famille nomade qui ne passe pas plus d'une
saison dans le même triage et qui gîte, au hasard des exploitations, tantôt au fond d'une combe, tantôt au revers d'une
pente boisée. Sa maison est cette hutte conique, au toit de
mottes gazonneuses dont j'ai parlé plus haut ; son chantier
est établi en plein air, et on y besogne par tous les temps,
pluie, neige ou soleil ; à toutes les heures du jour et de la
nuit. Aussi un campement de charbonniers est-il toujours
nombreux ; indépendamment de la femme et des enfants, on
y trouve le plus souvent un compagnon et un apprenti.

Lorsque le maître charbonnier a fait marché avec un adjudicataire de bois, il s'installe sur le terrain de la coupe exploitée et y commence la construction de ses fourneaux, qu'on
nomme vulgairement des *charbonnières.*

Tous les emplacements ne sont pas propres à la fabrication
du charbon. Il faut tout d'abord choisir un bon *cuisage*, c'est-à-
dire un endroit abrité du vent et situé à proximité des routes
forestières. Ensuite on procède au *dressage* du fourneau, opération délicate, exigeant de la patience et du savoir. — Sur le
terrain choisi, on compte huit enjambées : c'est le diamètre
du fourneau. Au centre, avec des perches enfoncées en terre,
on ménage un vide circulaire, qui servira de foyer. Les premiers bâtons ou *attelles* dont on entoure ce vide doivent être
très secs et fendus par quartier, le haut bout appuyé contre
les perches. Tout autour, on place une rangée de *rondins*, puis

une seconde, une troisième, et ainsi de suite jusqu'à ce qu'on ait couvert toute la surface du cercle. C'est le premier lit.

Sur cette première assise on en élève une seconde, qui s'appelle l'*éclisse*, et on constitue de la sorte, toujours en rétrécissant les rangées concentriques, dont les assises successives donnent à l'ensemble du fourneau la forme conique d'un entonnoir renversé. Une fois le dressage terminé, on passe à l'habillage. La cuisson du bois de charbonnette exige en effet que le combustible soit vêtu d'un épais manteau qui le mette à l'abri de l'air et permette pour ainsi dire de cuire le bois à l'*étouffée*. On couvre donc le fourneau d'une garniture de ramilles sur lesquelles on applique une couche de terre fraîche, épaisse de trois doigts ; enfin on répand sur le tout le *frasil*, c'est-à-dire une cendre noire, très friable, prise sur une ancienne place à charbon.

Le sommet du fourneau est resté à découvert et en communication avec le vide tubulaire ménagé dans le milieu. C'est par là qu'on met le feu à l'intérieur, au moyen de broussailles et de charbons allumés. Comme il existe à la base de la charbonnière des trous qui font communiquer ce tube central avec l'extérieur, un courant d'air s'établit, le tuyau servant de cheminée d'appel, et le bois commence à brûler.

Alors seulement viennent les vraies fatigues et les tracas du métier. Quand la fumée, blanche d'abord, devient plus brune et plus âcre, on bouche les ouvertures avec de la terre ; puis douze heures après, on redonne un peu d'air. Le charbonnier doit toujours savoir où en est son feu, et doit constamment s'en rendre maître. Si le charbon gronde, c'est que

32

la cuisson va trop vite ; alors, avec le râteau on étend du frasil sur les ouvertures et on modère ainsi le courant. Si le vent
s'élève, autre souci : il faut abriter le fourneau avec de grandes
claies d'osier qui servent de paravent. Depuis le moment où la
cuisson commence, les charbonniers n'ont pas un instant de
répit ; ils sont obligés de veiller comme des vestales autour de
leur feu et ils se relaient le jour et la nuit, ainsi que des sen-
tinelles.

Enfin, après mille maux et mille soins, la cuisson s'achève.
Le fourneau s'aplatit lentement et la fumée devient de moins
en moins dense. Maintenant elle s'élève en molles spirales
bleuâtres. On éventre la charbonnière d'un seul côté, et le charbon paraît. Si la cuisson a été faite dans de bonnes conditions
et selon les règles de l'art, il doit être noir comme une mûre,
lourd et sonnant clair comme de l'argent. Parfois il arrive
que, malgré toutes ces précautions, l'opération est manquée,
alors on reverse les rondins mal cuits dans un autre fourneau.

Quand le charbon est tiré à l'air libre à l'aide des râteaux,
on le laisse s'éteindre complètement, puis on le charge dans
de larges bannes qui le voiturent à la forge ou à l'entrepôt, à
moins que les chemins ne soient peu praticables et trop escar-
pés ; en ce cas, les brioleurs le convoient à dos de mulet.

Ce métier de veilles entrecoupées de courts sommeils,
d'alertes continuelles, d'inquiétudes sans cesse renouvelées,
fait du charbonnier un être taciturne, nerveux et mélancolique.
Il est presque toujours grave, rarement jovial. L'habitude de
passer une partie des jours et des nuits en sentinelle le rend
sombre et méditatif. Il ne se déride guère que lorsqu'on éventre

un fourneau et que la cuisson est bonne, ou parfois, à l'heure du souper, quand, environné de sa femme et de ses enfants, il déguste un sobre repas consistant en un civet d'écureuil ou en un rôti de hérisson, arrosé d'eau claire ou de piquette. En automne, on ajoute à ce menu un plat de cèpes cuits à la brochette et un dessert de noisettes et de cornouilles. Puis, après avoir devisé pendant une demi-heure, en famille, chacun reprend sa besogne : le maître et les garçons vont surveiller les cinq ou six charbonnières qui flambent et grondent sous la cendre, tandis que la femme allaite un dernier né ou le berce au seuil de la hutte, en lui chantant à mi-voix une vieille chanson rustique. Bientôt la nuit tombe, les enfants s'endorment, on ne voit plus dans l'obscurité, doublée par l'épaisseur des feuillées, que la rouge lueur des fourneaux et les longues silhouettes noires des hommes qui veillent et s'agitent autour du charbon.

Si dure que soit cette vie, si clairsemés que soient les plaisirs qui l'assaisonnent, le charbonnier l'aime et ne s'en lasse jamais. Cette existence libre et nomade à travers les bois a une austère et sauvage poésie que le charbonnier respire inconsciemment et qui lui fait trouver monotones tous les métiers sédentaires. La forêt lui est nécessaire comme le pain. Il y vit péniblement, solitairement, frugalement, mais il lui semble qu'il ne pourrait vivre ailleurs, et quand, par hasard, il est obligé de séjourner dans les villes ou les villages, il y est pris du mal du pays. — Un poète de ma connaissance, qui est le plus intime de mes amis, a essayé de chanter en quelques strophes cette rude et originale existence du charbonnier, et

je ne puis résister à la tentation de reproduire ici cette chanson qui résume assez fidèlement les joies peu nombreuses de
cet honnête travailleur de la forêt :

> Rien n'est plus fier qu'un charbonnier
>   Qui se chauffe à sa braise ;
> Il est le maître en son chantier
>   Où flambe sa fournaise,
>   Dans son palais d'or ;
>   Avec son trésor,
>   Un roi n'est pas plus à l'aise.
>
> Il a la forêt pour maison
>   Et le ciel pour fenêtre ;
> Ses enfants poussent à foison
>   Sous le chêne et le hêtre ;
>   Ils ont pour berceaux
>   L'herbe et les roseaux,
>   Et le rossignol pour maître.
>
> Né dans les bois, il veut mourir
>   Dans sa forêt aimée ;
> Sur sa tombe on viendra couvrir
>   Un fourneau de ramée ;
>   Le charbon cuira
>   Et son âme ira
>   Au ciel avec la fumée...

Si le charbonnier est taciturne et triste, le sabotier, au
contraire, est d'humeur joviale et bruyante. Cela tient surtout
aux conditions différentes du milieu où se façonne le tempéra-
ment de ce dernier. D'abord, point de travail de nuit ; le sabotier dort tout son soûl ; autant en font ses compagnons, ses
apprentis, toute sa maisonnée ; puis la besogne se poursuit

LES CHARBONNIERS EN FORÊT

méthodiquement, sûrement, sans aucune de ces alertes et de
ces inquiétudes qui assombrissent l'humeur du charbonnier.

Le sabotier est un nomade comme l'homme au charbon ;
ses résidences successives sont subordonnées aux vicissitudes
des exploitations. Aujourd'hui sa loge est installée au bord
d'un ruisseau ; à la saison prochaine, il campera sur un plateau ; mais peu lui importe. Pareil aux oiseaux de passage, il
parcourt tous les cantons de la forêt ; s'arrêtant là où une
coupe vient d'être exploitée et où il trouve à faire un bon
marché. Il est cependant relié à la vie du village par un léger
fil. Il possède là-bas, dans quelque hameau, une maison aux
volets clos, au mobilier poudreux, aux poutres feutrées de
toiles d'araignée, mais il ne l'habite guère que pendant les
mortes-saisons, et ne s'y retire définitivement que pour s'y ali-
ter et mourir.

Le meilleur de sa vie se passe en forêt. Il y emmène
femme et enfants et s'installe, au fond de quelque combe ver-
doyante, arrosée d'eau de source, à deux pas de la coupe, où
se dressent les arbres achetés sur pied et marqués du marteau
de l'adjudicataire. Le bois le meilleur pour la fabrication des
sabots est le noyer ; mais dans nos pays de l'Est où les noyers
sont assez clairsemés, c'est surtout le bois de hêtre qui est
employé par nos sabotiers. Le patron choisit donc autant que
possible les lots où les hêtres sont en majorité. Il ne fait pas
grand cas de l'aulne, du tremble et du bouleau, bien qu'on
utilise également ces essences pour la fabrication ; mais les
sabots qu'on en tire ont le bois spongieux et l'humidité les
pénètre vite. Les sabots de hêtre, à la bonne heure !... Ils sont

légers, d'un grain serré, et le pied s'y tient sec et chaud en
dépit de la neige et de la boue.

Un hêtre ayant environ cinquante pieds de fût et un mètre
de circonférence à la fourche des branches peut donner six
douzaines de paires de sabots. — Chaque corps d'arbre est scié
en *tronces*, et si les billes sont trop grosses, on les fend en
quartiers avec le *coutre*. Un ouvrier ébauche d'abord le sabot
à la hache en ayant soin de donner une courbure différente
pour le pied gauche ou le pied droit ; puis il passe ces
ébauches à un second compagnon, qui commence à les percer
à l'aide de la vrille, et qui évide peu à peu l'intérieur au
moyen d'un instrument qu'on nomme la *cuiller*. Pendant toute
cette besogne, le sabotier chante comme un loriot en fouillant
le bois tendre, d'où sortent des tire-bouchons de blancs
copeaux, fins et lustrés comme des rubans, et l'ouvrage se
façonne au milieu des rires et des refrains rustiques.

Les sabots les plus grands sont fabriqués avec les larges
tronces voisines de la souche. Ceux-là chausseront les pieds
robustes des hommes, les plantes solides du laboureur ou du
manouvrier, qui, dès l'aube, s'en va par la pluie où le vent à
sa besogne journalière. Dès les heures grises du matin, ils
retentiront sur le pavé de nos rues encore désertes, aux pieds
des paysans qui s'en vont au marché, et nous autres, paresseux,
nous les entendrons tinter sur les dalles à travers un demi-
sommeil. — Dans les *tronces* moyennes sont taillées les
chaussures des femmes ; le sabot alerte, toujours en mouvement, de la ménagère, et le sabot plus mince et plus élégant
de la jeune fille.

A mesure qu'on arrive au dernier tiers du fût de hêtre, les billes se raccourcissent ; on y taille les sabots du petit pâtre ou de la gardeuse d'oies, qui chemine dans les chaumes dépouillés à la suite de son troupeau. On y façonne aussi les sabots de l'écolier : sabots rapidement usés sur la route de l'école et soumis à de rudes épreuves, soit que le gamin inventif les transforme en batelet et les fasse voguer sur l'eau de la mare, soit qu'en hiver, assis sur sa chaussure, il s'en serve comme de traîneau pour dévaler le long des pentes neigeuses que la gelée a changées en glissoires. — Les dernières billes sont réservées pour les *cotillons*, c'est-à-dire pour les sabots des petits enfants. Ceux-ci ont le meilleur lot ; ils sont choyés et fêtés, surtout au lendemain de la Noël, et puis ils ne fatiguent guère et on les use rarement. Dès que le marmot a grandi, on garde précieusement ses petits sabots devenus trop étroits ; on les range soigneusement au fond d'une armoire avec la robe de baptême et le bourrelet.

Une fois le sabot évidé et dégrossi à la *rouette*, le *pareur* en ébarbe les bords, puis le passe à un troisième ouvrier chargé de lui donner la dernière façon à l'aide du *paroir*, — une sorte de couteau tranchant fixé par une boucle à un banc solidement établi. — Ce troisième compagnon, qui est le plus souvent le maître sabotier lui-même, finit et polit le sabot, sur lequel il grave, lorsqu'il s'agit d'une chaussure féminine, une rose ou une primevère suivant sa fantaisie. A mesure qu'ils sont achevés, les sabots sont rangés dans la loge, sous un épais lit de copeaux qui les empêche de se fendre. Une ou deux fois la semaine, les apprentis les

33

exposent à un feu de branches vertes qui les enfume, durcit le bois et lui donne une chaude couleur d'un brun doré.

La besogne se poursuit de la sorte jusqu'à ce que tous les arbres aient été employés. Alors on part en quête d'une exploitation nouvelle. Toute l'année, la forêt reverdie ou rougissante entend dans un de ses cantons l'atelier bourdonner comme une ruche, et les sabotiers façonner gaiement par douzaines cette rustique chaussure, — que nos aïeux les Celtes fabriquaient déjà parmi leurs futaies profondes, — et qui est simple, salubre et primitive, comme la vie forestière elle-même.

D'autres industriels, dont les mœurs sont assez semblables à celles des sabotiers, établissent également leur chantier à la marge des coupes exploitées : ce sont les boisseliers. La boissellerie comprend l'ensemble de ces menus ustensiles de bois qu'on trouve dans tous les ménages : — la seille pour traire, la baratte à battre le beurre, les cuillers à pot et à salade, l'escabeau à trois pieds, la salière qu'on suspend au manteau de la cheminée, le *vasot* où se lave la vaisselle, et jusqu'au gobelet pour boire. — Tous ces vases agrestes sont fabriqués dans la forêt par de naïfs ouvriers qui, depuis de nombreuses générations, exercent ce métier ambulant, sans altérer en rien le dessin primitif et la forme élémentaire des objets qu'ils façonnent. Depuis des siècles, la baratte est confectionnée d'après les mêmes règles, et la salière porte sur ses flancs la même fleur rudimentaire, gravée en blanc sur le bois bruni.

Dans les Vosges, où cette industrie a pris une grande extension, la boissellerie se fabrique surtout avec le sapin.

Dans les forêts de la Meuse et de la Haute-Marne, on emploie de préférence le hêtre et l'érable. Toutes les rustiques salières dont nos paysannes ornent la hotte de leur cheminée, sont en général façonnées avec cette dernière essence. — Parfois, à force de tailler le bois et de regarder la nature, parmi ces ouvriers un artiste naît, et toute la remarquable école de sculpture sur bois qui, au xvᵉ et au xviᵉ siècle, a décoré nos maisons et nos églises, a probablement pris racine dans les chantiers des boisseliers du temps. Aujourd'hui encore, en Suisse, le boisselier a étendu son industrie à la fabrication de ces ours et de ces chamois qui s'étalent dans les boutiques des villes, jusque sous les péristyles des hôtels perchés au sommet des montagnes, et que les bourgeois emportent précieusement dans leur malle, en souvenir du classique tour à travers l'Oberland.

IV

LE FLOTTAGE DES BOIS

Indépendamment du *schlittage* et du *briolage*, il existe encore un mode de transport spécial aux bois exploités, c'est le *flottage*, mais ce dernier ne peut être employé que lorsque la coupe se trouve à proximité d'un cours d'eau : rivière, fleuve ou canal.

Le flottage à *bois perdu* ou *en train* est connu en France depuis 1449. On raconte qu'à cette époque, un marchand de bois, bourgeois de Paris, nommé Rouvet, imagina de faire venir par la Seine des bois

de chauffage du Morvan. Il retenait au moyen d'écluses l'eau
des petites rivières qui sont au-dessus de Cravant et y faisait
jeter les bûches à bois perdu. Elles se rendaient dans la
rivière d'Yonne, où on les assemblait par train pour les conduire à Paris. Les Parisiens enthousiasmés célébrèrent l'arrivée des premiers trains par des feux de joie. L'entreprise
ayant réussi, d'autres marchands l'imitèrent, et parmi eux,
un Lorrain nommé Arnoul, qui rendit flottables nos ruisseaux
de Lisle et de Louppy-en-Barrois et put ainsi approvisionner
Paris avec les bois extraits des forêts du Barrois et de la
Champagne. — L'industrie du flottage était fondée.

Tous ceux qui ont flâné sur les ponts de Paris ont pu
observer ces énormes trains de bois de chauffage qui des-
cendent le courant, conduits par deux ou quatre hommes, et
qui glissent majestueusement sous les arches. Ils sont amenés
en Seine par tous les affluents du fleuve : l'Yonne, la Marne,
l'Oise. Ils arrivent de l'Argonne, de la Haute-Marne, du Châtillonnais, du Morvan, des forêts de Compiègne et de Fontai-
nebleau ; ces millions de bûches coupées dans tant de provinces diverses viennent s'empiler dans les chantiers des faubourgs et font flamber leurs tisons et leurs braises dans nos
étroites cheminées parisiennes.

Le flottage a lieu pour le bois de chauffage ou *bois court*,
et pour le bois de construction ou *bois long*. On sait que toute
espèce de bois, surtout lorsqu'il est bien sec, étant spécifique-
ment plus léger que l'eau, surnage lorsqu'on le jette dans un
courant assez considérable pour le soutenir. Toute la théorie
du flottage est fondée sur ce principe ; seulement, pour l'appli-

quer, il faut étudier la marche et la profondeur des cours
d'eau. Une rivière est dite *flottable* lorsqu'elle conserve au
printemps une quantité d'eau suffisante et qu'elle ne présente
ni courbes trop brusques ni amas de roches pouvant obstruer
le passage des trains.

On nomme *train* le radeau formé d'une certaine quantité
de pièces de bois ou de bûches, réunies au moyen de longues
perches, liées les unes aux autres par des *harts* ou *rouettes*.
On confectionne ainsi des trains de bois à brûler, de bois de
charpente et de bois de sciage.

Les trains de bois à brûler sont ordinairement composés
de dix-huit *coupons* ou assemblages partiels de bûches, ayant
4 mètres de long ; ce qui porte la longueur totale du train à
environ 70 mètres. Quant à la largeur elle est proportionnée
à celle des rivières ou des canaux par où doit passer la flotte.
Certains trains n'ont de largeur que . trois longueurs de
bûches : on les nomme trains à *trois branches ;* d'autres ont
quatre *branches* (près de 5 mètres), et fournissent ordinairement 25 cordes de bois ou 50 voies.

Les coupons de trois ou de quatre branches se font à
terre. On ne les assemble que lorsqu'ils sont à flot. Les
bûches destinées à former chaque branche ont été amenées de
la forêt au port le plus proche. Sur le talus du canal ou de la
rivière, on commence par confectionner une glissoire ou cou-
loir, composée de perches distantes de 7 à 8 centimètres les
unes des autres et arrêtée par de fortes bûches diminuant de
grosseur à mesure que l'on avance vers l'eau. — Dès qu'un
coupon de bûches est assemblé, on le pousse à l'eau en le fai-

sant glisser sur les perches de la couloire. — Les *branches*
s'attachent les unes aux autres avec des *traverses* ou *traversins*,
qui sont des perches de 5 mètres de longueur ; on les lie avec
des harts dans tous les endroits où les traverses croisent et
rencontrent les chantiers, et cela forme un coupon. Les
18 coupons qui composent un train sont tous semblables, à
l'exception du coupon de la *tête*, du coupon du milieu et du
coupon de *queue*, auxquels on ajoute des *nages*. Ces nages ou
points d'appui servent à *percher*, c'est-à-dire à accoter la perche
à l'aide de laquelle les hommes poussent et conduisent le
train. — Si les bois sont lourds, soit à cause de leur bonne
qualité, soit à cause de l'excès d'eau ou de sève dont ils sont
imprégnés, on soutient le train à flot à l'aide de tonneaux vides
et bien bouchés, amarrés dans l'épaisseur des bûches et dans
les branches du milieu.

Ce travail de l'assemblage et du lançage est un travail gai.
Il se fait en plein air, au milieu des grandes herbes aqua-
tiques, prêles et menthes qui embaument, et au-dessus desquelles tourbillonnent des essaims de petits papillons bleus.
Les peupliers qui bordent la rive rafraîchissent de leur ombre
frissonnante les ouvriers, et l'eau de la rivière les berce de
son murmure, tandis que les oiseaux amis des eaux courantes,
les bergeronnettes lavandières et les fauvettes des roseaux, les
réjouissent de leur mélodieux tapage.

Le train une fois assemblé, on le pousse au courant de
l'eau dont il suit le fil. On le dirige à l'aide de la perche qu'on
fait porter d'un bout au fond de la rivière, et de l'autre contre
la *nage ;* on lui imprime ainsi une secousse dans le sens de la

LE FLOTTAGE DES BOIS

direction qu'on veut lui faire prendre. Lorsque les eaux sont
basses, ce travail ne laisse pas d'être parfois fort pénible.
Lorsque au contraire l'eau devient trop profonde pour qu'on
puisse se servir de la perche, on emploie de longues rames,
avec lesquelles on dirige le train exactement dans le fil du
courant. Deux hommes suffisent d'ordinaire pour conduire un
train de 25 cordes de bois sur les rivières qui affluent à la
Seine ; mais comme ce fleuve est plus large et que la naviga-
tion y est plus dangereuse, surtout pendant les grandes eaux,
on emploie le plus souvent quatre hommes pour conduire un
train.

Lorsque le train se trouve poussé obliquement au fil de
l'eau, il arrive parfois que l'avant va moins vite que l'arrière,
soit qu'il se trouve sur un courant moins rapide, soit qu'il
frotte sur un fond de vase ; alors le flot prend l'arrière en travers et le train risque de se rompre. Il faut en ce cas couper
rapidement les liens à l'endroit où le train menace d'être plié,
et le séparer en deux petits trains qu'on tâche ensuite de faire
aborder au plus prochain rivage, pour les assembler de nouveau et continuer la route. — Je me souviens d'avoir été
témoin, un jour, en plein Paris, d'un accident de ce genre.
Un énorme train de bois de chauffage descendait la Seine,
fort rapide en ce moment. Il venait d'enfiler sans encombre
une des arches du pont des Saints-Pères, quand, par l'effet
d'une fausse manœuvre, il s'inclina obliquement au courant et
en peu de temps l'arrière se trouva de niveau avec l'avant.
Poussé dans toute sa largeur par la force de l'eau, l'énorme
masse vint heurter de face l'une des piles du Pont-Royal.

Heureusement les trois hommes qui montaient le train purent sauter à temps dans une barque qui était accourue à leur secours. A peine avaient-ils mis le pied dans le canot de sauvetage, que le train s'écrasa contre la pile et fut émietté en un clin d'œil. Les milliers de bûches qui le composaient s'éparpillèrent dans le courant et furent emportées en aval, où on les voyait surnager et tournoyer au loin comme de simples bouchons de liège.

Les trains de bois de sciage se dressent comme ceux de bois à brûler. Les planches amenées de la scierie sur le port d'embarquement, où leur blancheur tranche gaîment sur l'herbe verte des berges, ont ordinairement 4 ou 6 mètres de long. On les dresse en travers, et elles font la largeur d'un coupon qu'on nomme *éclusée* ou *brelle*. La brelle une fois construite, on enlève les pieux qui la maintenaient sur le plan incliné, et elle glisse lentement vers l'eau, où l'on assemble les unes avec les autres les éclusées qui doivent composer le train.

Lorsque la rivière est bordée d'un chemin de halage, ou lorsque le train navigue sur un canal, il est dirigé au moyen d'un câble fixé obliquement à la brelle, et que traîne un cheval, même parfois la femme du *brelleur*, qui fait ainsi l'office de bête de somme et qu'on voit cheminer le long du talus, le front baissé, la poitrine coupée par la courroie qui termine le câble, et les reins tendus. — Les brelleurs mènent une existence nomade, semi-terrienne, semi-aquatique. Parfois tout le ménage est installé sur le train de bois, à l'extrémité duquel on a construit une petite cahute, contenant tous les ustensiles

nécessaires à la vie domestique. Femme et enfants sont accrou-
pis sur les planches et y font la cuisine, tandis que le conducteur du cheval de trait fait claquer son fouet, et qu'un chien-
loup court en aboyant le long des brelles juxtaposées.

Dès l'aube, le cheval est attelé, et, aux claquements du
fouet dans l'air matinal, le train de bois file doucement entre
les berges mouillées de la rivière ou du canal. Dans l'eau verte
et sombre encore, les arbres de la rive : aulnes et peupliers, se
reflètent nettement ; des hirondelles passent vivement avec un
petit cri et égratignent du bout de leur aile noire l'eau qui
soudain a des frissonnements d'argent. Une fraîcheur de rosée
tombe de la voûte des arbres, une pénétrante odeur de reine-
des-prés s'exhale des talus ; et de loin en loin, du fond de
quelque village éparpillé dans la vallée, une sonnerie d'angelus traverse la campagne. — Tantôt la *brelle* longe les lisières
d'un bois profond plein de gazouillements d'oiseaux ; tantôt
elle passe presque au niveau des prairies qu'on fauche ou des
blés qui mûrissent. Puis on arrive à l'écluse, dont les portes
massives s'ouvrent avec un bruit sourd, et voilà le train tout
au fond du chenal entre deux hauts murs de pierre où l'eau
se répand en bouillonnant ; le train monte, monte lentement,
sous la poussée de l'eau qui bat les murailles, et se retrouve
enfin de niveau avec les berges vertes, entre lesquelles il
reprend doucement sa route.

Voilà des coteaux de vigne qui arrondissent sur le ciel bleu
leurs verdoyantes épaules, puis des villages nichés au pied
des vignobles ; on entend le clairon des coqs, les cris des
enfants, le roulement des voitures bruyantes sur les routes,

tandis que le train continue à filer silencieusement sur l'eau
courante. Le soleil tombe d'aplomb sur la rivière qui étincelle,
midi sonne à un clocher qui pointe entre les arbres, et la
femme du brelleur, qui a fait cuire la soupe à un brasier
allumé à l'arrière du train, donne à manger aux enfants et
aux hommes. — Parfois, au revers d'une colline, une ville
blanche étale ses toits de tuile ou d'ardoise, ses couvents, ses
casernes et ses églises ; sur les berges les bourgeois se promènent gravement en lisant leur journal, des pêcheurs immo-
biles dans l'herbe se penchent sur leur ligne de roseau, des
lavandières battent leur linge dans l'eau savonneuse, puis lentement la silhouette de la ville décroît derrière les peupliers,
on se retrouve en pleine campagne, et ainsi jusqu'à ce qu'au
jour tombant, les premières étoiles se mirent dans l'eau
brunie. Alors on s'arrête à quelque auberge riveraine, on
dételle le cheval, et toute la famille s'endort.

Mais dès la prime aube, le lendemain, le train reprend sa
route silencieuse entre les berges blanches de rosée, et de
nouveaux paysages, de nouveaux horizons montrent entre les
arbres leurs perspectives fuyantes. Tout à coup, à une dernière
écluse, la nappe d'eau s'élargit. Ce n'est plus maintenant une
modeste rivière bordée de peupliers aux feuilles frémissantes ;
c'est un grand fleuve aux berges nues et largement espacées,
où des bateaux à vapeur remontent le courant, où des gabarres
vont et viennent, où des canots montés par des rameurs aux
costumes fantaisistes filent joyeusement. A l'horizon, dans une
immense buée rougeâtre, on aperçoit de hautes bâtisses et
des tours d'église ; puis le train s'engage entre des quais popu-

leux, bordés de maisons à cinq étages, il passe sous de
grands ponts aux arches monumentales ; les sifflets des
machines à vapeur, le roulement des voitures, les rumeurs
d'une foule sans cesse renouvelée, s'accentuent et s'ac-
croissent, tandis que, sur chaque rive, de somptueux palais
profilent leurs colonnades et leurs frises sculptées. — C'est
Paris ; et l'humble train de brelles, sentant encore l'odeur des
bois où il est né, vient se ranger, presque inaperçu, au long
du quai plein de soleil, parmi le va-et-vient des bateaux où
grouille un peuple de débardeurs.

LE VILLAGE

LE VILLAGE

O mon village, à travers
        Les prés verts
Grimpent tes logis en pente ;
Un ruisseau bordé d'aubiers,
        A tes pieds,
Court dans la sauge et la menthe.

Sous tes auvents de bois brun
            Le parfum
Du vieux temps se garde encore ;
On y parle le patois
            D'autrefois,
Rude, chantant et sonore.

Sur ta grand'place un tilleul
            Verdit seul ;
Son ombre abrite l'école
Où, sur un rythme traînant,
            Bourdonnant,
La voix des enfants s'envole,

Puis la rue en serpentant
            Va montant
Vers l'église, qui s'élance
Avec ses clochers moussus,
            Au-dessus
Des boulingrins où l'on danse,

L'*Angelus*, trois fois le jour,
            A l'entour
Égrène sa sonnerie,

C'est là, depuis des matins
        Très lointains,
Qu'on baptise et qu'on marie;

Et c'est là qu'on meurt... Pressés
        Et tassés,
Là, nos fils sous l'herbe haute,
Auprès des crânes sans yeux
        Des aïeux,
Viendront dormir côte à côte.

I

L'ENFANCE AU VILLAGE

Si, au village, la vie est rude pour la femme et pour l'homme fait, en revanche elle est singulière-ment douce et joyeuse pour les enfants, pour ceux qu'on appelle « le petit monde ». — Les enfants des villes, entassés dans les maisons sans air des faubourgs populeux, empri-sonnés dans les étroits appartements des quartiers riches, gênés par une toilette trop correcte et sou-vent trop élégante, ne connaissent que de loin en loin les

joies de la vie libre, au grand air. Les marmots du village,
au contraire, dès qu'ils peuvent marcher, passent leur journée
au dehors. La toilette ne les gêne pas, ceux-là ! Ni bretelles,
ni corsets, ni bottines. Une chemise de grosse toile, un pantalon rapiécé, un cotillon troué, voilà le fond de leur garde-
robe de tous les jours. Tête nue ou coiffés d'un mauvais
chapeau de paille, pieds nus ou chaussés de sabots, ils prennent leur envolée dès le matin. Leurs haillons mêmes n'ont
pas mauvaise grâce sous la lumière du plein air. Ils les
habillent plus pittoresquement; ces blouses ou ces jupes effi-
loquées, fripées et déteintes, ont des tons d'une amusante
variété.

De quatre à huit ans, c'est-à-dire jusqu'au moment ou
l'école leur ouvre ses portes, les enfants du village jouissent
presque tous d'une pleine liberté. Ce sont des vagabondages
sans fin, sur les pas des portes ou dans les fossés des chemins.
Tout leur sert d'amusement et ils ne sont pas difficiles sur le
choix des jouets : — un paquet de chiffons grossièrement
modelé leur tient lieu de poupée; un morceau de planche
attaché avec une ficelle, devient un chariot que le marmot
traîne gravement. Et puis toutes les bestioles des champs sont
pour eux des compagnons de jeu : — ils vivent dans une inti-
mité fraternelle avec les bêtes à bon Dieu aux élytres ronds et
ponctués de noir, avec les catherinettes rouges des lis, et surtout avec les hannetons. Ils fabriquent des cages de brins de
jonc tressés où ils enferment des sauterelles. J'en ai même
connu un qui, dans la solitude d'un pâtis, élevait paternelle-
ment un crapaud qu'il avait apprivoisé, et qui venait en sau-

tant lourdement prendre sa pâture, dès que le gamin sifflait d'une certaine façon.

La campagne entière, en toute saison, sert aux marmots du village de salle de récréation. Au cœur de l'hiver même, ils y trouvent matière à de bruyantes joueries. Quand la neige tombe épaisse sur les chemins, toute la marmaille se répand au dehors et éprouve à se vautrer dans cette blanche épaisseur une enfantine volupté. Ils y pataugent et s'y ébattent comme de jeunes chiens. Une boule de neige, roulée par l'un d'eux et grossissant toujours à mesure qu'on la fait tourner, attire bientôt toute la bande. La boule s'arrondit au milieu des cris de joie des enfants et finit par devenir une énorme sphère si volumineuse que les efforts réunis des bambins ne peuvent plus la faire démarrer. Elle reste au milieu de la place, immobile comme un monolithe, et s'y conserve intacte jusqu'au prochain dégel. — Tout le jour jusqu'à la nuit close, ce sont des glissades sans fin sur la glace des ruisseaux, et des dégringolades le long des rues en pente, sur des traîneaux improvisés. Une vieille planche, une paire de sabots qu'attache un bout de ficelle, servent aux plus industrieux pour dévaler du haut en bas de la glissoire. Les moins inventifs se bornent à s'accroupir sur leurs talons, et, entraînés par leur propre poids, à glisser sur le plan incliné, aux aspérités duquel ils laissent une notable partie de leurs fonds de culottes. Parfois la file des traîneaux se suit de si près, qu'au moindre choc, un déraillement se produit et la ribambelle des glisseurs s'égaille d'un seul coup, tête-bêche dans la neige... mais le plaisir n'en est que plus savou-

36

reux, et la bise du nord sèche vitement les larmes des plus
éclopés.

Avec la huitième année, cette libre vie des champs est res-
treinte par les devoirs du catéchisme et de l'école. Autrefois,
beaucoup d'enfants échappaient le plus longtemps possible à
l'emprisonnement scolaire et ne commençaient guère à fré-
quenter la classe qu'à l'époque de la préparation à la première communion. Encore ce temps de l'*écolage* était-il res-
treint aux mois d'hiver ; dès les premiers soleils de printemps,
la majorité des enfants s'en revenait au vagabondage des
champs. Mais maintenant que l'instruction est devenue obliga-
toire, les écoles de filles et de garçons sont plus sérieusement
et plus assidûment fréquentées. Dès huit heures du matin,
hiver comme été, on rencontre, sur les chemins qui mènent au
bourg, les enfants des hameaux et des fermes éparpillés sur le
territoire de la commune. Chaussés de sabots ou de gros souliers à clous, les garçons et les filles cheminent bruyamment,
avec leurs livres et leurs cahiers enfermés dans des cartons ou
portés sous le bras. — Les écoles mixtes, où les enfants des
deux sexes travaillaient en commun sous l'œil et la férule de
monsieur le maître, sont devenues de plus en plus rares, et,
dans un grand nombre de villages, l'école des filles et celle
des garçons occupent deux locaux séparés, dans le voisinage
de la maison commune et de l'église.

Quand, dans la belle saison, on passe devant les bâtiments
scolaires, on entend de loin, à travers les fenêtres ouvertes, un
bourdonnement sourd de voix répétant des leçons ou épelant
des syllabes, tandis que le verbe grave ou clair du maître ou

de l'institutrice scande ce ronron monotone, et parfois l'interrompt d'un coup de plat de règle sur l'angle d'un pupitre. Au
passage, on entrevoit rapidement l'intérieur de l'école : — les
murs blanchis à la chaux, les cartes géographiques et les abé-
cédaires accrochés aux parois, l'instituteur sur son estrade, et
les tables de bois noir où des rangées de têtes de gamins ou
de fillettes sont penchées dans des attitudes appliquées ou flâ-
neuses, et se lèvent toutes avec un ensemble parfait pour
regarder le passant qui leur apporte une minute de distrac-
tion.

De mon temps, ces velléités de bavardage ou de dissipa-
tion étaient sévèrement réprimées à l'aide de punitions ingénieusement variées : — il y avait d'abord l'agenouillement
simple dans un coin de la classe, puis l'agenouillement avec
les bras en croix ; puis la règle plate lancée par le maître aux
pieds du coupable et qu'il fallait piteusement rapporter en ten-
dant la main ; après quoi le maître en appliquait un bon coup
sur les doigts et vous renvoyait à votre place. Parfois la règle
tombait entre deux délinquants, et c'était à qui ne la rappor-
terait pas. — Ce n'est pas pour moi, c'est pour toi, se mur-
murait-on de l'un à l'autre. — Vas-y, toi ! — Non pas, ça
te regarde ! Et le débat ne finissait que lorsque le maître,
d'une voix colère, s'écriait : — Arrivez tous les deux et lestement ! — Je crois que, depuis cette époque lointaine, les
choses n'ont pas beaucoup changé et que le code pénal de
l'école est toujours le même. — La punition la plus redoutée
consiste toujours dans la retenue à l'école, après les heures
de classe.

Onze heures sonnent. Au signal du maître ou de l'institutrice toute l'école se lève et se répand bruyamment au dehors. Les gamins se culbutent à la sortie et détalent dans la rue avec une joie tapageuse. Les filles, plus paisibles ou plus réservées déjà, sortent sans mener grand bruit et se signent dévotement en passant devant l'église. Il ne reste plus dans les classes que les malchanceux qui ont bavardé trop haut ou qui n'ont pas su leur leçon. Privés de récréation, ils emploient leurs loisirs à arroser et à balayer l'école et, par les fenêtres ouvertes toutes grandes, ils jettent des regards navrés sur leurs camarades du dehors, tandis que ceux-ci, sans la moindre charité, — « cet âge est sans pitié, » — redoublent de joueries, au nez et à la barbe des infortunés prisonniers.

Mais en dépit des retenues et de six heures de classe par jour, il reste encore aux enfants du village de bonnes et pleines heures de liberté. Il y a les congés du jeudi, les après-midi du dimanche, quand les vêpres sont dites ; il y a surtout les vacances de Pâques et de septembre. — C'est alors que le petit paysan donne carrière à ses goûts de vagabondage et de maraude ; alors qu'il se grise de grand air, de verdure et de soleil. Que de sifflets taillés en avril dans les branches de saule, moites de sève ! Que de nids épiés et dénichés au creux des haies, à la fourche des hautes branches ; le tout au détriment des blouses et des culottes ! Pendant les vacances d'automne, tout le petit monde des villages est aux champs. Les gamines courent les halliers afin d'y cueillir des mûres et des noisettes ; les gamins se rassemblent dans quelques pâtis, à la lisière d'un bois ; et, sous prétexte de garder cinq ou six

L'ÉCOLE AU VILLAGE

vaches confiées à leur surveillance, se gaudissent et s'ébattent de leur mieux.

On joue à la *gaille* ou à la *bisquinette*, jeux rudes et rustiques qui ont de lointaines analogies avec le *crickei* des Anglais. On allume des feux de broussailles, sous la braise desquels on fait cuire des pommes de terre. En guise de dessert, on se gave de tous les fruits et légumes sauvages qu'on peut cueillir aux branches ou arracher à la terre. Il n'y a pas de botaniste ou de chien truffier, dont le flair soit comparable à celui des enfants, pour trouver sous le sol les plantes ou les racines bonnes à manger. Tout y passe : les scorsonères des prés, les *macreuses* ou châtaignes d'eau, les tubercules de *gesse tubéreuse*, connus sous le nom de *mecusons* et qui sont à la truffe ce que la prunelle est à la reine-claude. Le robuste estomac des petits paysans digère toutes ces crudités sans le moindre inconvénient. Leur gosier se gargarise avec des cornouilles, des brimbelles (airelles myrtilles) et des framboises de bois, et ils arrosent d'eau de source cette collation sylvestre. — Ils ne rentrent au village qu'à la brune, poussant devant eux leurs vaches rétives, sifflant comme des merles, faisant claquer leurs fouets d'un air délibéré ; tandis qu'assises sur des marches d'escalier et tricotant un bas, les petites filles les regardent passer d'un œil admiratif et envieux. Ils rentrent chez leurs parents, avec des vêtements en loques, soupent d'un morceau de pain et se couchent sur leur paillasse de balle d'avoine, où ils dorment à poings fermés.

Et cette joyeuse vie recommence le lendemain, jusqu'aux grises journées d'octobre, où ils reprennent le chemin de

l'école. A ce régime, leur corps se développe, leurs muscles
s'affermissent, et leur intelligence ne reste pas en arrière.
L'instruction largement répandue maintenant dans les campagnes ne tombe pas sur une terre aride. Ces organisations
saines, simples et fortes soumises à la culture intellectuelle,
donnent de surprenants résultats, et plus d'un petit paysan en
remontrerait en grammaire, en histoire et en mathématiques,
à maint petit bourgeois de ma connaissance. Si les éducateurs
de ces nouvelles couches lettrées étaient sages, ils diraient à
leurs élèves : « Restez au village et appliquez à la vie rurale
les connaissances que vous avez acquises. » Malheureusement
les enfants ont été témoins des rudes besognes de leurs pères
et sont tentés par la vie, plus commode en apparence, qu'on
mène dans les villes. Ils rêvent déjà d'entrer dans quelque
bureau et de devenir des employés du gouvernement. Leurs
parents, éblouis par la perspective de transformer leurs garçons en *messieurs*, ne détournent guère leur progéniture de ces
visées ambitieuses ; au contraire, ils les poussent à la déser-
tion des champs. C'est ainsi que peu à peu les campagnes se
dépeuplent et que le nombre des déclassés augmente dans les
grands centres. — Les filles elles-mêmes, qui grandissent, et
dont les formes juvéniles commencent à s'accentuer sous le
corsage devenu trop étriqué, les filles rêvent de changer de
besogne et d'habiter ces grandes villes où l'on peut troquer la
coiffe et le cotillon contre un chapeau et une confection à la
mode. Les plus ambitieuses veulent se faire institutrices ou
demoiselles de magasin ; les plus humbles songent à se louer
comme servantes ou femmes de chambre. Ainsi, tandis que

l'adolescence succède à l'enfance, les idées d'émigration ger-
ment sous le casaquin de la fillette comme sous la blouse du
gachenet ; et tous n'ont plus qu'un désir : échanger cette libre
vie des champs, qui a été jusqu'alors si douce pour eux, contre
je ne sais quelle condition casanière où leur esprit et leur
corps s'étioleront dans la servitude.

37

II

LA FÊTE PATRONALE

Dans le cours de sa longue vie laborieuse, le paysan n'a que de rares jours de plaisir. Il ne sort guère de ses habitudes de frugalité et de travail que lorsqu'il va aux noces ou lorsque arrive le jour de la fête de son village. Cette fête patronale, qui ne se célèbre qu'une fois l'an, fait date dans l'existence du paysan. C'est ce jour-là qu'il invite chez lui ses amis ou ses parents du voisinage; dans les communes rigides, où le curé conserve encore son autorité et cherche à protéger ses paroissiennes contre les

tentations du Malin, c'est le seul jour où les danses soient
tolérées. Aussi, dans chaque province, cette journée de chômage, d'amusement et de ripaille, est-elle connue sous un
nom spécial : — c'est la *ducasse* dans le Nord, la *kirb* dans la
Lorraine allemande, le *rapport* dans les départements de l'Est,
la *vogue* dans le Dauphiné et la Savoie ; l'*assemblée* en Touraine et en Berry, la *ballade* en Poitou, la *frairie* en Saintonge
et dans l'Angoumois, la *fête votive* dans le Midi, le *pardon* en
Bretagne.

Dans les pays les moins religieux elle conserve encore le
nom du saint patron, sous la protection duquel est placée la
paroisse. Très longtemps à l'avance on se prépare à la célébrer
dignement. Pour cette époque, les jeunes filles réservent leur
plus pimpante toilette, et les garçons amassent en secret des
économies au fond de leur porte-monnaie. Pendant la semaine
qui précède le jour férié, les ménagères se ruent en cuisine.
Les fours flambent et, dans chaque maison, on voit les femmes
bras nus jusqu'au coude, le visage poudré de fleur de farine,
pétrir et rouler la pâte qui servira à fabriquer toute sorte de
gourmandises. Dès la veille, chaque logis exhale une appétis-
sante odeur de pâtisserie, qui dilate les narines des enfants et
leur fait d'avance venir l'eau à la bouche.

Dès la veille aussi, les saltimbanques et les marchands
forains construisent sur la place publique leurs échoppes et
leurs baraques. A la nuit, chacun s'endort d'un sommeil agité
en rêvant aux bombances et aux distractions du lendemain.
Sitôt le jour levé, on est éveillé par des carillons de cloches,
et chacun se jette gaîment hors du lit. Le paysan se fait la

LA FÊTE DU PAYS (LE SOIR)

barbe, passe une chemise blanche et endosse sa blouse neuve
ou son antique habit de noce ; les filles stationnent longuement devant le miroir et, au bout d'une bonne heure, se
montrent enfin dans toute la braverie de leur robe nouvelle,
de leur fichu de soie et de leur coiffe de cérémonie. Elles se
tiennent toutes droites dans leurs jupons trop empesés et
marchent lentement, un peu gênées par leurs bottines qui
craquent. — Hommes, femmes et enfants, tout le monde, ce
jour-là, assiste à la grand'messe. L'église est bourrée de gens
assis et debout, et les retardataires qui ne trouvent plus de
place, refluent jusque sur les marches du portail. En dépit de
cet empressement religieux, l'auditoire est nerveux et distrait.
On écoute avec impatience le sermon du curé, qui recom-
mande la sobriété aux hommes et qui engage fort inutilement
les filles à s'abstenir des danses et autres plaisirs trop profanes.
Enfin l'officiant marmotte les derniers oremus. Alors, bruyamment, la foule se répand hors de l'église, et court en majorité
vers la place où les pompiers manœuvrent, où les boutiques
étalent leurs marchandises et ou les saltimbanques commencent leur boniment.

Là se trouve réuni tout ce qui peut exciter les convoitises
d'une population simple et peu gâtée par le luxe. — Des mer-
cières en plein vent déballent leurs cartons, et les bonnets de
linge, les dentelles de coton, les rubans multicolores se balancent sur des cordes, à la moindre brise, tandis qu'en troupe,
le regard allumé, le cou tendu, les filles se pressent autour
de l'étalage, maniant les rubans du doigt, examinant les
bandes de dentelles et marchandant les bonnets. — A l'angle

formé par la maison commune et l'école, une somnambule
prédit l'avenir derrière les rideaux de sa longue voiture verte ;
en face, un photographe, sous sa tente de toile, donne pour
un franc, cadre compris, une photographie instantanée dont
la ressemblance est garantie ; — debout sur sa calèche dorée,
un arracheur de dents appelle à coups de grosse caisse et de
cymbales les « amateurs » désireux de se faire extirper une
molaire. — Les enfants, les yeux écarquillés, tâtant d'une
main anxieuse les sous qui dansent au fond de leur poche, se
promènent indécis, de l'échoppe du marchand de sucreries à
la boutique du marchand de gaufres toutes chaudes.

Pendant la journée entière, les auberges ne désemplissent
pas. Des chansons hurlées à tue-tête s'envolent de chaque
fenêtre ; des servantes, chargées de bouteilles montent et
redescendent vivement les escaliers, et les verres tintent, et
les gros rires éclatent mêlés à des huées.

Mais c'est surtout le soir, à la nuit tombante, que la fête
bat son plein. Le souper a allumé toutes les figures et surexcité
les plus timides. Les chevaux de bois tournent, aux sons d'un
orgue nasillard, dans un cercle fantastique, resplendissant de
lumières dont l'éclat est multiplié par le reflet des glaces et le
miroitement des paillons. Les détonations des tirs se mêlent
aux ronflements de l'orgue et au bruit strident du tourniquet
des loteries. Des files de verres de couleur enguirlandent les
arbres du pâquis, sous lesquels un orchestre fait explosion.
C'est le signal du bal en plein air, et filles et garçons se préci-
pitent vers la salle de danse.

Dans certaines provinces, en Berry, en Touraine, en Poi-

tou, la fête patronale est aussi un lieu de réunion, une *assem-*
blée où se rendent les propriétaires et fermiers qui veulent
louer des servantes, des pâtres ou des valets de ferme. On les
appelle en ce cas des *louées*. Elles ont lieu le plus souvent en
plein jour et en pleins champs : parfois sur l'herbe rase d'un
pâtis ou dans la clairière d'un bois. On y danse pendant toute
l'après-midi. Les garçons ou les filles qui désirent se louer,
décorent leur chapeau ou leur corsage d'un brin de feuillage.
Ce brin vert : rameau de chêne ou de genêt, annonce leurs
intentions. Il dit aux gens : « Voyez, je suis fort, j'ai des
épaules et des bras robustes et je vous engagerai volontiers
une année de ma jeunesse, si vous voulez me donner en
échange le vivre et le couvert, avec des sabots neufs et quelques
pistoles sonnantes. »

L'auberge est là, à côté, balançant, elle aussi, d'un air
invitant, sa branche de pin ou de genévrier. Là se tiennent
les cultivateurs qui cherchent des domestiques. Le marché se
conclut en face d'une bouteille de vin. Sitôt que les engage-
ments sont stipulés de part et d'autre et les arrhes données,
les garçons et les filles s'en retournent à la danse. La cornemuse braille et la vielle fait entendre ses sons criards. — En
avant !... Et les quadrilles commencent. Les jupes s'envolent
en l'air, les tailles sont pressées par des bras robustes. —
Tous, à la veille de recommencer de rudes journées de travail, veulent se donner encore une pleine journée de plaisir.
Ils boivent avec ivresse ce dernier jour de liberté et se montent la tête pour oublier la mélancolique perspective de
demain.

Demain il faudra quitter le village natal et ses paysages
familiers ; il faudra s'en aller loin, dans une maison étrangère,
et travailler pour des étrangers ; subir tous les caprices du
maître, de sa femme et de ses enfants ; se lever avec l'aube,
se coucher tard dans une soupente, près de l'écurie, sur un
lit qui paraîtra d'autant plus dur que ce sera le lit de la servitude. Que de fois alors le garçon ou la fille, mais la fille surtout, se sentira empoigné par le mal du pays ! Que de fois, au
cœur du petit pâtre ou de la servante, retentiront douloureu-
sement les joyeux et lointains accents de la cornemuse du
pays d'origine !...

On ne sait pas assez de quelle puissante faculté de souffrir
sont douées les simples âmes paysannes. Quand elles sont
transplantées au loin, le mal du pays les éperonne et les tor-
ture à chaque heure du jour. Quand elles s'endorment, c'est
leur village qu'elles voient en rêve ; lorsqu'elles s'éveillent au
matin et qu'elles se retrouvent face à face avec la cruelle
réalité du travail quotidien, dans un milieu étranger, leur
chagrin éclate violemment et leur douleur devient plus
aiguë.

Je me souviens d'une petite servante que nous avions, dans
une ville de province, et qui avait quitté, à seize ans, un
obscur village de la Meuse. Elle ne pouvait se faire à sa nouvelle condition et, chaque matin, en s'éveillant, se croyant
seule dans sa cuisine, elle se mettait à fondre en larmes. Elle
ne put s'apprivoiser, elle languissait dans l'exil comme une
hirondelle en cage ; à la fin elle tomba malade et on dut la
renvoyer dans son village. Et aujourd'hui encore il me semble

entendre les sanglots étouffés de cette pauvre fille, qui se lamentait à chaque lever de l'aube, en écoutant l'*Angelus* et en se rappelant les sons familiers de la cloche de sa paroisse.

III

LES FIANÇAILLES ET LES NOCES

C'est au village seulement qu'on retrouve encore une coutume qui se perd de jour en jour, en France, du moins, — les fiançailles. Tandis que chez la bourgeoisie française le mariage d'inclination devient de plus en plus une rareté, on rencontre dans les campagnes, assez fréquemment, des couples qui se sont aimés avant de s'épouser. Cela tient à ce que, dans les pays pauvres surtout, le vrai principe du mariage est encore inconsciemment observé : la fille n'est pas recherchée à cause de sa dot, sou-

vent très modique, et le garçon ne se marie que lorsqu'il est
à même, par son travail, de faire vivre femme et enfants. Une
liberté plus grande est laissée aux filles, et celles-ci, ayant
acquis par là même un sentiment plus sérieux de leur propre
responsabilité, savent mieux se conduire et se défendre. La
vie en plein air, le travail des champs fait en commun, amènent forcément un plus constant mélange des deux sexes. Les
garçons et les filles se retrouvent chaque jour dans la campagne, le soir à la veillée, le dimanche au bal ; ils se connaissent mieux et leurs mutuelles inclinations se développent plus
librement. Il arrive parfois, à la vérité, que cette liberté trop
grande a de graves inconvénients ; mais lorsque les choses
« tournent mal », il est rare que le garçon n'épouse pas. L'opi-
nion publique du village lui fait presque une loi de réparer
par un mariage le dommage qu'il a causé.

Dans ces inclinations nées d'une longue et continue fréquen-
tation, les parents ne sont pas toujours consultés. Souvent
même ils font une violente opposition au choix de leurs
enfants ; mais quand ceux-ci s'aiment véritablement, ils savent
montrer dans la lutte une énergie et une force de volonté peu
communes ; à force de patience et d'obstination, ils finissent
par triompher des résistances de la famille et par imposer leur
choix.

J'ai connu dans un village de la Meuse un brave homme
de cultivateur qui avait une fille de dix-huit ans, fort jolie et
intelligente. Celle-ci s'était éprise d'un jeune voisin, n'ayant
pour tout patrimoine que ses deux bras, mais fort intelligent
et fort beau garçon. Depuis deux ans déjà, les deux jeunes

gens se « parlaient » ; c'est l'expression usitée chez nous pour
indiquer qu'une fille et un garçon sont férus l'un de l'autre.
La chose déplaisait au père, qui ne mettait pas de mitaines
pour tancer et rabrouer sa fille. Il y perdait son temps, du
reste ; la jeune fille adorait son fiancé, qui le lui rendait, et ils
savaient l'un et l'autre saisir toutes les occasions de se voir et
de s'entretenir dans leurs projets de mariage. Le bonhomme
jurait ses grands dieux qu'il ne donnerait jamais sa fille à un
garçon qui ne possédait pas même un lopin de terre ; de son
côté, la fille jurait qu'elle n'aurait jamais d'autre mari ; et le
père refusant son consentement, la fille s'entêtant dans son
amour, le conflit menaçait de s'éterniser, quand la Mentine
(c'était le nom de la jeune paysanne) imagina un biais. Elle
partit un beau soir et alla se réfugier chez une parente du garçon, qui habitait un village voisin. Le père fut d'abord furieux
et dénonça au parquet celui qu'il croyait le ravisseur de sa
fille ; il ne voulait rien moins, disait-il, que faire condamner
le drôle aux galères. — Le procureur de la République assi-
gna à comparaître dans son cabinet le plaignant et le coupable.
Dès que le bonhomme aperçut le garçon, sa colère ne connut
plus de bornes : — C'est donc toi, malheureux, lui cria-t-il,
qui as détourné Mentine de ses devoirs ! — C'est donc vous,
répliqua l'autre, qui voulez faire mourir votre fille de chagrin !
— Là-dessus il tint au père un discours si touchant, que
le bonhomme finit par se jeter en pleurant dans les bras du
garçon, et qu'ils allèrent tous deux au plus prochain cabaret
fixer le jour des noces en buvant une bouteille...

Ces fiançailles durent souvent pendant des années. Les

promis vont « se parler » le matin ou le soir, le long d'une
haie mitoyenne ou à l'ombre des arbres qui ombragent le
lavoir. Leurs entretiens sont généralement très laconiques et
très réservés. Ils ne se disent pas grand'chose ; tout leur plaisir consiste à se regarder et à se frôler doucement l'un contre
l'autre. J'ai été moi-même témoin, l'automne dernier, en
Savoie, d'une de ces naïves idylles villageoises. Il y avait à cent
pas de ma maison, sous un couvert de noyers, une source où
les gens du village allaient puiser de l'eau pour les besoins du
ménage. Chaque soir une fillette de dix-sept ans descendait
lestement le sentier à la brune, au moment où sonnait l'*Angelus*. Elle filait d'un pas pressé, tête nue, tenant d'une main sa
seille de sapin, et, de l'autre, une sorte de bassin de cuivre
à longue queue servant à puiser l'eau. Au même instant, un
jeune faucheur de regains émergeait de l'ombre des prés et
venait s'appuyer au petit mur de la source, tandis que la fillette agenouillée emplissait distraitement sa seille. Elle y
mettait le temps et ne remontait le sentier, très lentement,
qu'au bout d'une demi-heure. Bien souvent, les étoiles dansaient déjà au-dessus des montagnes qui encadraient le lac,
et j'entendais encore le bruit frais et intermittent de l'eau
tombant dans la seille à demi pleine ; ce manège dura pendant toute la saison des regains, et mes amoureux se sont
mariés cette année...

Les noces villageoises se font pompeusement et bruyamment. Tous les amis et parents du voisinage y sont conviés,
et, dans la maison de la jeune mariée, on se rue en cuisine
au moins une semaine à l'avance. Chez moi, les jeunes gens

À LA FONTAINE

invités à la noce, font généralement les frais des violons et
des rafraîchissements du bal. Toutes les amies de la mariée
ont un *meneur* ou garçon d'honneur qui les escorte et remplit
les fonctions de cavalier servant pendant toute la durée de la
fête. En outre, le *meneur* offre à sa *Valentine* une paire de
gants, un nœud de rubans et un bouquet de fleurs artifi-
cielles. Dès que les mariés sortent de l'église, les jeunes
gens les régalent d'une salve de coups de fusil, puis les
musiciens engagés pour le bal se mettent en tête du cortège
et conduisent la noce, avec force flons-flons, jusqu'à la grange
où se célèbre le repas. Tous les *noceux* ont à la bouton-
nière de leur habit des faveurs ou *livrées* aux couleurs de la
mariée, et ces *livrées* enrubannent également les violons et
les clarinettes des joueurs. — A l'entrée de la maison, le
jeune marié et sa femme se tiennent chacun à l'un des cham-
branles de la porte ; le marié embrasse toutes les femmes,
et la mariée tous les hommes de la noce ; puis on se rend
processionnellement à la salle du festin, décorée à cette occa-
sion de draps blancs, de branches vertes et de bouquets de
fleurs.

Ces repas de noces sont longs et plantureux. Les viandes
en daube et les oies rôties, les pâtés et les tartes aux fruits
y abondent. Le marié et la mariée se placent l'un près de
l'autre au haut bout ; autour d'eux se rangent les notables et
les anciens. La jeunesse, filles et garçons, est placée en face,
et c'est surtout ce côté de la table qui est tapageur et joyeux.
Tout à l'extrémité, on case le *petit monde :* les enfants et les
gens sans conséquence. Au dessert, un des notables porte la

santé de la mariée et souvent chante une chanson du vieux
temps. C'est le signal d'une sorte d'intermède musical où,
tour à tour, les garçons d'honneur qui ont de la voix, et les
jeunes filles chantent des romances sentimentales. — Tout
à coup, la porte du fond s'ouvre, et deux ou trois vieilles
femmes, — le plus souvent les servantes qui ont cuisiné le
repas de noce, — entrent solennellement et entonnent la
chanson de la mariée ; après quoi, un soulier ou un sabot à
la main, elles font une quête dont le produit sert à les payer
de leurs peines.

Cette *chanson de la mariée* est grave et mélancolique,
comme la vie du paysan elle-même. Au milieu du tapage
et des rires de la noce, elle jette une note profondément
triste et réaliste. Elle annonce à la mariée, dès le milieu de
la fête, quelles seront les préoccupations et les tablatures du
mariage :

> Vous n'irez plus au bal, madam' la mariée,
>   Vous voilà donc liée
>   Avec un long fil d'or
>   Qui ne rompt qu'à la mort.
>
> Acceptez ce bouquet que ma main vous présente.
>   C'est pour vous faire entendre
>   Que tous ces beaux honneurs
>   Passeront comme fleurs...

Heureusement une explosion de musique interrompt cette
maussade complainte. C'est le bal qui commence, et il se
prolonge fort avant dans la nuit. Les mariés n'attendent pas
qu'il finisse. Ils s'esquivent dès onze heures, et vont en cati-

mini se retirer dans quelque maison lointaine où ils espèrent passer en paix leur première nuit de noce. Mais vaine précaution ! Le secret de leur fuite est tôt éventé. On se met à la recherche de l'appartement où ils se sont claquemurés et on le trouve toujours. Vers une heure du matin, une détonation de coups de fusil leur apprend que leur asile est découvert, et toute la noce se précipite dans la chambre à coucher pour offrir la *soupe blanche* aux nouveaux époux.

IV

LA VIE DE FAMILLE

Quand l'arbre a poussé tous ses boutons, épanoui toutes ses fleurs, il se recueille et son organisme ne tend plus qu'à transformer ses inflorescences en fruits. Pour le paysan, se marier c'est fructifier. Aussi a-t-il hâte de s'établir, bien que, pour les deux sexes, le mariage mette nécessairement un terme aux fièvres joyeuses de la jeunesse et ouvre la série des jours graves, soucieux, consacrés à la peine et au travail. Dans cette nouvelle phase de l'existence campa-

gnarde le lot de la femme est de beaucoup le moins avantageux.
Il lui faut travailler tout comme l'homme et souvent plus que
l'homme. — « Ah ! c'est une bonne femme que notre Zabeth,
me disait un jour un cultivateur, elle a eu bien des maux dans
sa vie et elle a travaillé plus fort que deux chevaux ! » —
C'est le plus bel éloge qu'un paysan puisse faire de sa femme,
car d'ordinaire il tient ses chevaux en grande estime et appelle
chez lui plus volontiers le vétérinaire que le médecin. Il y a
même en Lorraine un proverbe qui, dans sa dureté laconique,
en dit gros sur la condition de la paysanne mariée :

> Mort de femme et vie de chevau
> Tirent l'homme haut.

Pour la femme, il n'y a plus guère de moment de répit
après la semaine de la noce. Les enfants viennent ; il faut
souffrir en les mettant au monde et souffrir pour les élever.
Aussi toutes les chansons rustiques qui parlent du mariage et
de ses tracas sont-elles d'un réalisme et d'une éloquence
farouches. Autant, dans les chansons d'amour, la langue est
fleurie d'images tendres et délicates, autant, dans les chansons qui traitent de la vie conjugale, elle est brutale et
grossière :

L'une dit :

> L'époux que vous prenez
> Sera toujours le maître ;
> Ne sera toujours doux
> Ainsi qu'il devait l'être ;
> Mais pour le radoucir,
> Faudra lui obéir...

Et cette autre est encore moins engageante :

> Au bout d'un an, un enfant,
>   C'est la joyeuse vie ;
> Au bout d'deux ans, deux enfants,
>   C'est la mélancolie.
>
> Au bout d'trois ans, trois enfants,
>   C'est la grand' diablerie :
> Un qui demande du pain,
>   L'autre de la bouillie ;
>
> .   .   .   .
>
> La mère est à la maison
>   Qui pleure et qui gémit...
>
>   (*Chanson de la Saintonge.*)

Et cependant, malgré cette cruelle destinée, la femme accepte sa souffrance avec une courageuse résignation, de même qu'elle accepte, sans trop se révolter, les rudesses et le despotisme du mari. Elle aime à trouver dans son *homme* un maître, elle préfère être battue que d'avoir affaire à un époux sans énergie. Dès qu'elle s'aperçoit que les rôles sont intervertis et qu'elle mène son mari, elle le méprise, et alors du mépris à l'infidélité elle ne fait qu'une enjambée. Toutefois, il est juste de reconnaître qu'à la campagne, l'infidélité de la femme est rare, et, quand on l'y rencontre, elle est causée le plus souvent par l'abandon ou la sottise du mari.

Il faudrait se garder de juger le paysan sur des exceptions, c'est-à-dire sur les faits criminels ou immoraux qui éclatent de loin en loin et qui nous sont révélés par les débats de la

40

police correctionnelle ou de la cour d'assises. Les maîtres de
l'école naturaliste contemporaine ont une tendance trop marquée à prendre ces *documents* exceptionnels pour les caractères généraux et les conditions ordinaires de la vie campagnarde. Ils peignent le paysan d'après l'habitant des villages de
la banlieue de Paris ou d'après des observations recueillies
dans la *Gazette des Tribunaux*, et ils le peignent non seulement brutal, dur à lui-même et aux autres, mais ils le repré-
sentent comme un être cyniquement cruel, lâche et sensuel,
capable de toutes les malpropretés et de toutes les vilenies.
— Pour qui a vécu au village et a étudié le paysan avec
attention et sans parti pris, ce n'est là qu'une infidèle caricature.

D'abord, si grossière que soit son éducation, si animale que
soit son enveloppe, le paysan, comme tous les gens qui travaillent beaucoup, est au fond chaste et continent. Il est sensuel et gourmand dans une certaine mesure, mais il n'est pas
corrompu. Bien qu'il traite durement ses enfants, il les aime
et s'occupe d'eux tout autant que les citadins. Il a même à un
haut degré le respect de l'enfance ; il surveille ses actes et ses
paroles devant le *petit monde*, bien plus scrupuleusement que
beaucoup de bourgeois de ma connaissance. Assurément, il ne
se sert pas toujours d'un langage choisi et il lâche souvent
plus d'un gros mot ; mais ces jurons gras et énergiques, qui
résonnent violemment et choquent nos oreilles, à nous autres
citadins, n'ont pas la même importance dans la bouche des
rudes piocheurs de terre. Ils ne les lancent pas avec prémédi-
tation, mais presque inconsciemment, et n'y attachent aucune

pensée obscène. Ces façons de parler ne sont pas plus un indice de dépravation, chez le paysan, que le fait de relever leurs jupes au-dessus du genou n'est un signe d'immodestie chez les pêcheuses de crevettes de nos côtes bretonnes ou normandes. Sous sa rugueuse écorce, l'homme qui vit en contact avec la terre a une sensibilité tout aussi vive que l'habitant des villes. Il aime, il souffre et il se passionne comme le reste de l'humanité. Il est seulement doué d'une plus forte dose de patience et il exprime plus sobrement ce qu'il sent. Il n'a pas l'élocution facile, mais ce qu'il dit, il le dit toujours simplement et le plus souvent d'une façon qui fait image. Il n'aime ni les grandes phrases ni la rhétorique; il ne sait analyser ni ses sensations ni ses émotions; mais dans ses propos brefs, il trouve presque toujours l'expression juste et pittoresque. Les spectacles de la nature le remuent et lui arrachent des cris d'admiration ou de pitié, qui, pour n'être pas traduits dans un langage académique, n'en sont ni moins expressifs ni moins éloquents. — Après la guerre, pendant les jours sombres de la Commune, je me promenais tristement dans une des grandes plaines nues du Barrois. Au-dessus de moi, et non loin de deux paysans qui sarclaient, une alouette montait en gazouillant. L'un des deux sarcleurs releva la tête et s'écria avec un accent qui me toucha : « Pauvre petite alouette, comme elle chante ! » — Il y avait dans cette exclamation comme un étonnement mélancolique d'entendre encore ce doux chant d'oiseau après tant de malheurs... Non seulement le paysan est accessible aux émotions délicates, mais il est poète à sa façon. Quand on étudie attentivement la langue campagnarde, on est tout sur-

pris et ravi d'y découvrir à chaque instant des images ingé-
nieuses, saisissantes et colorées. — S'il vente frais, le paysan
vous dit que « le temps est *gai* » ; si la chaleur est lourde et
le ciel couvert, « le temps est *malade* ». — En Touraine, les
femmes qui ont reçu une donation par contrat de mariage
disent que leur mari « leur a payé leur jeunesse ». Nul poète
plus que le paysan n'est prompt à personnifier les objets inanimés : « Ces terres ne rendent rien, me répétait un jour un
laboureur, elles ne sont pas *reconnaissantes.* » Un jour, en
Savoie, je regardais les montagnes toutes blanches de la première tombée de neige . — « N'est-ce pas qu'elles sont belles,
nos montagnes, me dit une servante qui passait ; elles vont le
devenir encore plus, maintenant que le soleil *rit sur la neige.* »
— Les hommes qui trouvent naturellement ces expressions si
pittoresques, n'ont certainement rien de commun avec les
êtres grossiers et les brutes que peignent les superficielles
études de l'école naturaliste.

Le paysan est foncièrement sobre et frugal. Dans les campagnes, les gens qui ont des habitudes d'ivresse et de goin-
frerie sont montrés au doigt. Les jours de ripaille dans
l'existence campagnarde n'apparaissent que comme de rares
exceptions.

Les repas journaliers sont d'une simplicité primitive.
Dans la plupart des provinces, le pain, le laitage, les pommes
de terre, le lard, constituent aujourd'hui encore le régime
habituel. Au temps de mon enfance, même dans les villages
aisés de la Meuse, on ne mangeait de la viande que le
dimanche. J'ai bien des fois assisté au repas du soir des culti-

LA VIE EN FAMILLE

vateurs ou des manouvriers, qui revenaient de travailler aux
champs. Il était uniquement composé de pain et de fromage
ou bien, en été, d'une salade de laitue assaisonnée à la crème.
L'homme et la femme, encore tout poudreux du travail de la
journée, s'asseyaient avec les enfants autour de la longue table
carrée et massive qu'on nomme, chez nous, le *dressoir*. On
mangeait lentement et longuement, puis la femme rangeait la
vaisselle et couchait les plus jeunes enfants ; en hiver au
coin de l'âtre, en été sur le pas de la porte, l'homme fumait
sa pipe ou lisait l'almanach ; la femme reprisait ses hardes
ou celles des marmots, et, quand le couvre-feu sonnait à
l'église, on s'étendait dans le grand lit à baldaquins rouges
ou jaunes, dressé dans une sorte d'alcôve au fond de la
cuisine.

Une autre vertu du paysan, c'est l'économie. Nul n'entend
mieux que lui le mécanisme de l'épargne, et la femme est
encore plus parcimonieuse que le mari. Pour eux, un sou est
un sou, et ils ne le lâchent pas facilement. Cette parcimonie
dégénère même en avarice et donne au campagnard une
dureté qui le rend parfois cruel. Mais plus que l'argent, il
aime encore la terre, ou plutôt il l'aimait passionnément autrefois. Maintenant que les denrées se vendent à bas prix, et que
les céréales et la vigne ne donnent plus, comme jadis, de gros
bénéfices, il s'en est malheureusement un peu détaché. Mais
ce n'est qu'un détachement accidentel, — une sorte de dépit
amoureux, — et deux ou trois années fructueuses ramène-
raient vite le paysan à son premier et unique amour : la
terre.

Pour le cultivateur né et élevé dans les champs, la terre est une maîtresse choyée et adorée avec passion. Le paysan lui doit tout : son aisance, ses joies, ses vertus et aussi ses vices. C'est l'amour de la terre qui rend ses noces fécondes, car il veut avoir beaucoup d'enfants autour de lui, afin d'économiser les journées d'ouvrier ; c'est ce même amour qui le fait se lever le premier, se coucher le dernier, et trimer sous la pluie ou le soleil ; — mais c'est lui aussi qui suggère au cultivateur ses défiances, ses ruses, ses lâchetés et ses crimes. — Charrues retournées sur le champ du voisin, déplacements de bornes, fraudes envers le Trésor, horreur du service militaire poussée jusqu'à la couardise, partages anticipés arrachés par la violence aux parents devenus vieux, voilà quelques-unes des conséquences funestes de ce culte idolâtre de la terre.

Toutefois, si la médaille a un revers, elle n'en est pas moins d'un métal pur et inappréciable. Comme me le disait un jour un jeune cultivateur dans un moment d'enthousiasme : « Les paysans sont les maîtres du monde ! » En effet, celui qui rend la terre féconde, celui qui nourrit la société tout entière, est véritablement le roi de cette société. Aujourd'hui, en France, c'est dans les couches profondes de la paysannerie que se recrutent les caractères les mieux trempés, les énergies les plus opiniâtres, les intelligences les plus vives et les plus robustes. Le jour où le culte de la terre serait dédaigné chez nous serait l'*ultima dies*, et nous pourrions dire, ce jour-là, que la France est bien finie. La famille paysanne, même avec ses rudesses, ses grossièretés et ses tares, est encore l'élément

le plus vivace et le plus sain de la société actuelle, et c'est
dans la culture de la terre, dans la vie campagnarde en plein
air que la bourgeoisie française devrait désormais chercher le
rajeunissement et le salut.

V

LA VIEILLESSE ET LA MORT

Après les tracas et les inquiétudes de la vie domestique, viennent les infirmités et les ridicules de la vieillesse. Le paysan regarde les vieillards comme des êtres inutiles. Le grand âge ne lui apparaît pas comme une période de repos et de sérénité, mais comme l'époque du déclin et de la maladie. Aussi les chansons populaires sont-elles sans pitié pour les vieilles gens. Elles flagellent et ridiculisent implacablement les mariages disproportionnés, les vieilles encore férues d'amour qui épousent des jeunes gens, les vieillards qui ont acheté à beaux écus comptants la jeunesse d'une épouse fringante et gaillarde. Les enfants, devenus des hommes mûrs et robustes, ne sont pas éloignés de considérer leurs parents vieillis comme des êtres inutiles. Du moment où ceux-ci n'ont plus la force de cultiver la terre, on leur refuse presque le droit de s'y tenir debout. On calcule avec impatience le moment où, selon un brutal dicton savoyard, « ils iront garder les poules de monsieur le curé, » c'est-à-dire habiter le cimetière voisin du presbytère et de l'église.

Le Code civil, en donnant de larges facilités aux père et mère pour se démettre de leurs biens de leur vivant, en faveur de leurs enfants, n'a fait qu'encourager ce mépris de la vieillesse, et il a malheureusement contribué, dans les campagnes, à affaiblir l'autorité des ascendants. Dès que ces derniers commencent à vieillir, les enfants ne leur laissent plus de repos jusqu'à ce qu'ils aient consenti à une donation à titre de partage. Les vieillards résistent du mieux qu'ils peuvent ; ils tiennent à leurs terres et pressentent que le jour où ils les abandonneront équivaudra pour eux à une mort anticipée. Mais les obsessions redoublent en raison directe des résistances. On représente aux vieux parents que leurs champs dépérissent, qu'ils ont bien le droit de prendre un repos péniblement gagné, et qu'ils seront cent fois plus heureux lorsqu'ils jouiront tranquillement d'une rente faite par leurs enfants. On les cajole et on les semonce de toute

LE JOUR DES MORTS

façon ; on passe successivement des câlineries aux menaces, des bouderies aux belles promesses. Enfin les vieux, las de se quereller et de discuter, se décident à passer l'acte chez le notaire et à abdiquer entre les mains de leurs futurs héritiers.

Généralement, les donateurs se réservent l'usufruit de tout ou partie de leur maison et stipulent en outre une pension viagère en nature ou en argent, qui leur sera servie par chacun des donataires. Quelques-uns, plus imprudents, abandonnent même l'usufruit de la maison et consentent à aller loger à tour de rôle chez chacun de leurs enfants. Au commencement, tout va bien ; on les choie et on les gâte. Mais le paysan s'habitue vite à manquer d'égards à celui qui ne possède plus la terre. Peu à peu, la rente est servie plus irrégulièrement ; le logement est donné de mauvaise grâce ; on le réduit au strict nécessaire ; et les pauvres vieux sont relégués dans quelque chambre sans feu où ils se trouvent plus mal lotis que les bestiaux de l'étable. S'ils vivent trop longtemps, on regarde avec ennui et impatience leur santé persistante ; s'ils deviennent infirmes, s'ils tombent en enfance, alors c'est pis, on souhaite tout haut leur mort et parfois on l'accélère au besoin. Il n'est pas d'année où les tribunaux ne répriment des mauvais traitements infligés dans les campagnes à de malheureux vieillards tombés à la charge de leurs enfants. Quelquefois même, mais plus rarement, dans certains pays perdus et à demi sauvages, le désir de se débarrasser de « bouches inutiles » pousse les paysans à des crimes aggravés d'odieux et de navrants détails. — C'est la fin de ce martyre, qui dure souvent pendant de longues années et dont la responsabilité incombe pour une large part à la législation des partages anticipés. Bien des fois, du reste, le vieux, traité en paria, souhaite la mort, en regardant, du haut de son grenier, les terres qu'il a si souvent cultivées, qu'il a aimées d'un si violent amour, et qui ne sont plus siennes.

La mort, le paysan la voit venir sans grand émoi et d'un œil plus calme que la vieillesse. Jeunes ou vieux, femmes ou garçons, accueillent la *faucheuse* avec la résignation stoïque des animaux. Toutes les chansons rustiques portent la trace de cette sérénité devant l'acte fatal et mystérieux de l'anéantissement. — Le soldat qui s'est battu six heures entières et qu'on rapporte blessé, répond, quand on lui demande s'il a regret de mourir :

> Tout le regret que j'ai au monde,
> C'est de mourir sans voir ma blonde.

Même résignation de la part de la jeune fille :

> Elle est près de mourir,
> Encore elle me regarde ;
> Elle a tiré
> Sa main blanche du lit
> Pour dire adieu à son ami.

La fille condamnée à être pendue pour infanticide, et qui s'en va au gibet, « prêtre devant, bourreau derrière, » envisage le supplice d'un œil tranquille, et ses dernières paroles à sa mère ont une grandeur quasi shakespearienne :

> Ma mère, coupez mes blonds cheveux
> Et pendez-les devant l'église ;
> Ils serviront d'exemple aux filles...

Presque jamais, dans ces natures élémentaires, l'idée de mort n'éveille un cri de terreur. Une seule pensée les inquiète et les épouvante : l'enfer, la peur de voir revenir le spectre de ceux qui sont morts sans confession. Aussi, à la campagne, les morts sont-ils l'objet d'un culte superstitieux et fervent.

Dès qu'un paysan est mort et couché sur son lit de deuil, sa maison est ouverte à tous pendant la nuit et le jour qui précèdent l'enterrement. Tout le village vient défiler dans la chambre mortuaire et y marmotter un *oremus*, en aspergeant le défunt avec la branche de buis qui trempe dans l'eau bénite. Cette dévote procession, où il entre parfois autant de curiosité que d'intérêt, se prolonge fort avant dans la nuit. Le mort est veillé par des parents et par des commères, qui servent à la fois d'ensevelisseuses et de pleureuses. Pendant la veillée, ces femmes se relaient auprès du corps ; accroupies sous la grande cheminée de la cuisine, elles restaurent leurs forces et chassent les miasmes en confectionnant du vin chaud qu'elles boivent en murmurant des regrets et des éloges à l'adresse du défunt. — Chez moi, ces entretiens funèbres, un peu analogues aux *voceri* corses, mais bien plus prosaïques, consistent en formules assez banales, qui se répètent à chaque cérémonie mortuaire : « Ah ! le pauvre cher ami, le pauvre garçon, comme il s'en est vite allé !... Il n'a pas eu le temps de se voir mourir... Ah ! la pauvre chère mignonne créature !... Sainte mère de Dieu ! qui m'aurait dit que je pleurerais à son enterrement ?... etc. »

Le corps est porté à bras à l'église et au cimetière ; s'il

42

s'agit d'une jeune fille, le cercueil est escorté par les compagnes de la morte, vêtues de blanc, voilées et portant un cierge. Même cérémonie, mais avec une escorte masculine, ayant un crêpe au bras ou au chapeau, si le mort est un garçon ou un homme marié.

Après le service religieux et l'enterrement, les parents, les amis et même les simples relations du défunt sont conviés dans la maison mortuaire à un repas qu'on nomme l'*obit*. Ce repas funèbre commence gravement et silencieusement, mais à mesure que les plats se succèdent et que les bouteilles se vident, les conversations à haute voix deviennent plus animées. Au dessert, le plus ancien des convives se lève et entonne le *De profundis* à la mémoire de celui qui est parti. Il n'est pas rare que l'*obit* dégénère en buveries et en ripailles peu dignes de la circonstance et fort désagréables pour les parents véritablement affligés. Aussi, dans beaucoup de familles aisées, rachète-t-on l'*obit* au moyen d'une somme d'argent, distribuée aux gens du village qui ont suivi le convoi.

Le deuil du mort est porté très strictement et, pendant de longues semaines, la maison mortuaire reste plongée dans un respectueux silence. Souvent même, le pâtre, qui revient du pâtis en sifflant, suspend son sifflet en passant devant le logis où quelqu'un a *défunté*, et ne recommence à donner de la voix qu'après avoir mis la longueur de la rue entre lui et la maison où la mort est entrée récemment.

Lors de l'anniversaire du décès, on ne manque pas de faire célébrer à l'église un service spécial pour le repos de l'âme du défunt, indépendamment des messes que certaines familles pieuses font dire périodiquement. Mais c'est surtout pendant la semaine de la Toussaint, et particulièrement le lendemain de cette fête, que le village rend un culte à ses morts. Ce jour-là, toute une population de vivants monte le chemin qui conduit au cimetière, et l'herbe verte qui pousse autour des sépultures est foulée par de nombreuses femmes en deuil pieusement agenouillées. Ces sépultures, groupées à l'ombre de l'église, sont plus ou moins bien entretenues suivant les provinces. Dans l'Est, il n'est pas rare de les voir fleuries comme un jardin. En Bretagne, le long de la côte, elles sont souvent entourées d'une élégante bordure de coquillages. Sur les larges dalles, couchées au long des tertres, on creuse en Cornouailles une sorte d'étroite coupe où les femmes viennent verser du lait. Chez nous, en pays meusien, on apporte le jour des morts, sur la tombe des défunts, des branches de buis bénit le jour des Rameaux, qu'on nomme des *pâquottes*. Pas une femme ne manquerait d'aller planter ces *pâquottes* sur la fosse d'un mari ou d'un enfant. — Les marronniers et les tilleuls des cimetières sèment leurs dernières feuilles jaunes sur l'herbe déjà flétrie par le premier givre ; les oiseaux de l'arrière-saison : rouges-gorges, merles et mésanges, chantent doucement dans les branches des sapins ; ce buis des Rameaux, ces rustiques *pâquottes*, cueillies à l'aube du printemps, quand tout était réveil et floraison dans la nature, viennent achever de jaunir au vent de novembre sur le tertre des vieux laboureurs, qui tant de fois ont conduit leurs chevaux ou leurs bœufs dans les chemins environnants, tant de fois hersé ou

ensemencé les champs nus, épars aux entours, et qui, après
une vie de labeur et de « long usaige », goûtent, dans le
champ du cimetière paroissial, le suprême repos du paysan,
— la mort.

TABLE DES GRAVURES

HORS TEXTE

TABLE DES MATIÈRES

ÉVREUX, IMPRIMERIE DE CHARLES HÉRISSEY

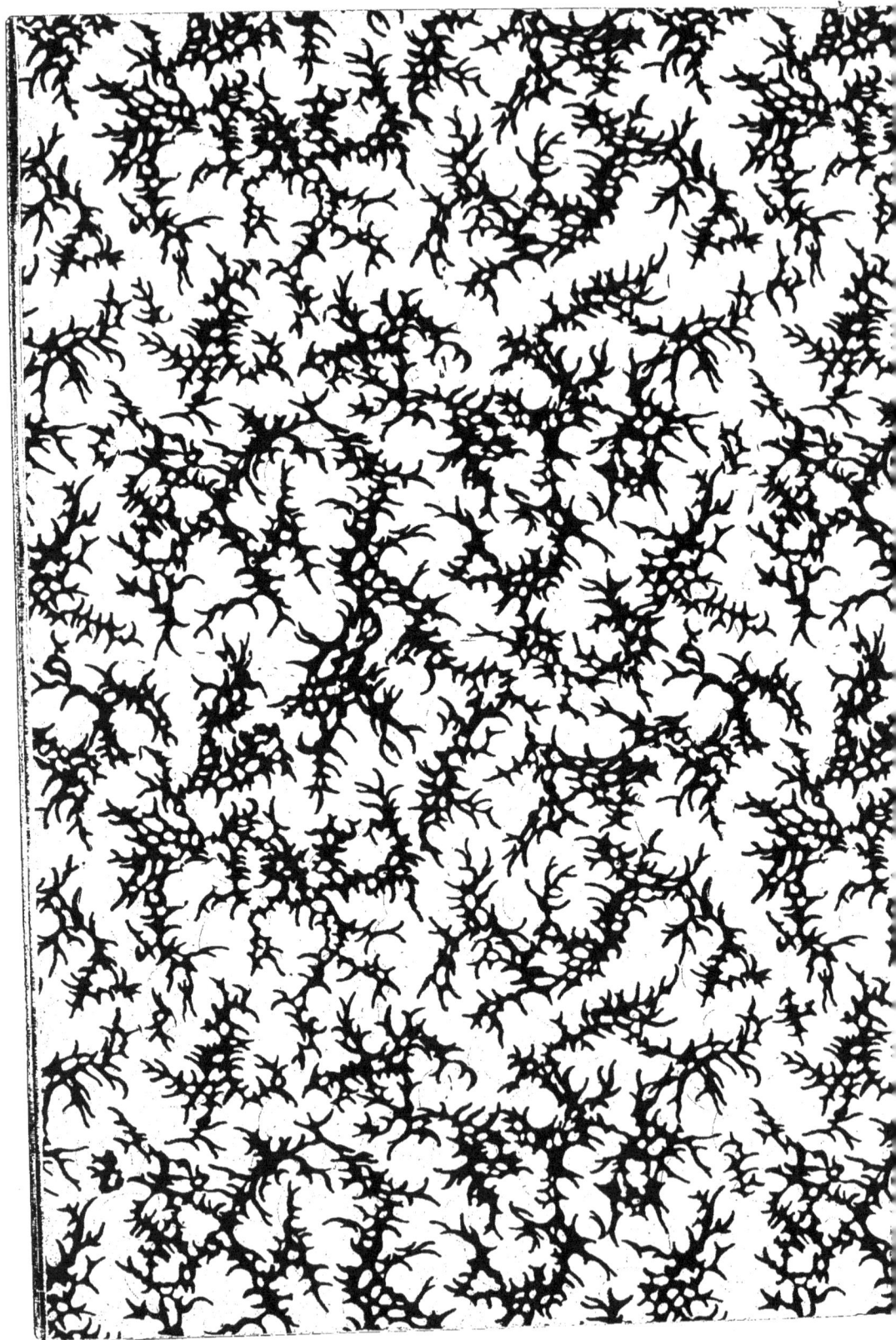

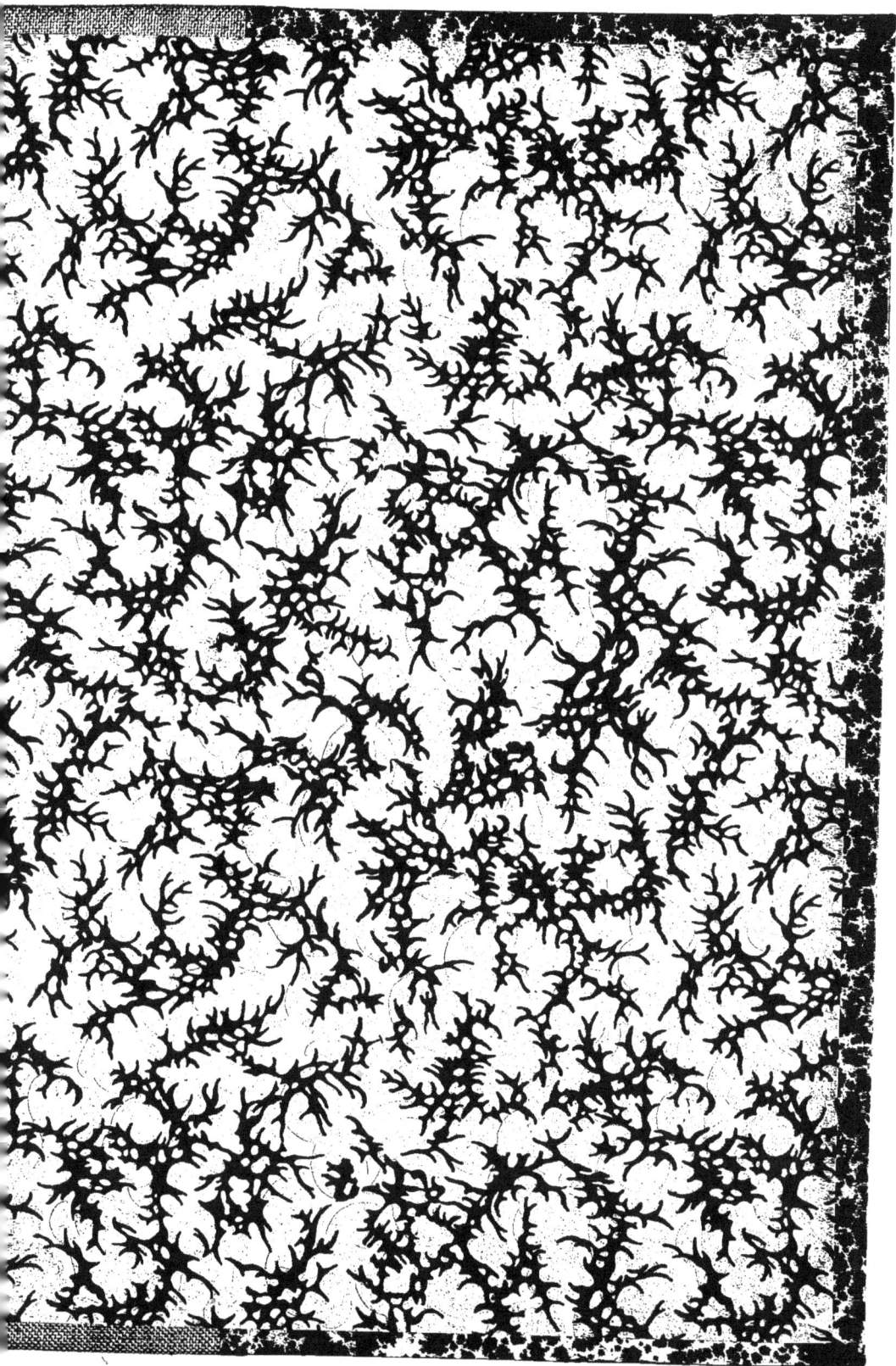

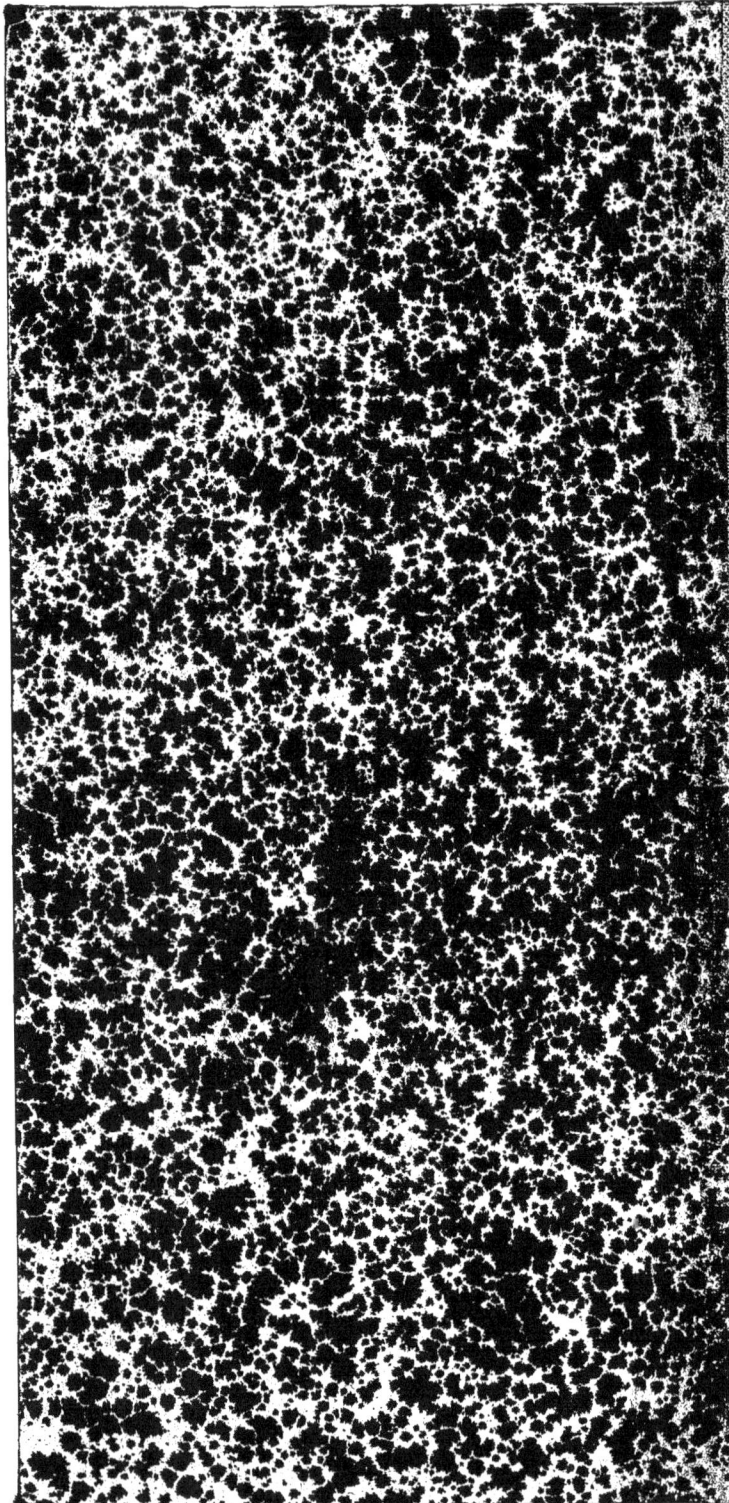

www.ingramcontent.com/pod-product-compliance
Lightning Source LLC
Chambersburg PA
CBHW060119200326

41518CB00008B/871